KB263533

BT
REPORT

국내외 미래인쇄전자 산업분석보고서

2021개정판

저자 비피기술거래 비피제이기술거래

㈜ 비티타임즈

1 서론

I. 서론

 인쇄 전자 산업은 인쇄 기술을 통해서 전기 소자 및 부품, 모듈을 만들어 내는 산업이라 볼 수 있다. 나노기술을 이용한 다양한 기능성 잉크가 개발되면서 Ag(은) 잉크, Cu(구리) 잉크 등의 기능성 잉크를 이용하여 인쇄하기 때문에, 유망한 산업 (디스플레이, 3D 프린팅, RFID) 등의 기초가 되는 중요한 산업이다. 즉, 인쇄전자 산업은 매우 성장성이 높으며, 또한 국가의 주요 성장 기반이 될 산업이다. 스마트 IT(정보기술), 디스플레이, 태양광 산업 등과 융합해 고부가가치를 창출할 것으로 기대되는 영역으로, 전자 인쇄 시장은 2020년 55.10억 달러로 커질 것이며, 2030년에는 반도체산업의 규모보다 큰 3,000억 달러가 될 것으로 전망하고 있다.

 인쇄전자산업은 제4의 산업혁명, 제조공정의 패러다임 전환으로 불리며 저가격, 친환경, 유연성, 대면적 고속 생산, 대량 생산, 저온, 단순공정이라는 인쇄기술의 고유한 특징에 고해상도, 고정밀도, 친환경의 산업적 특징을 가지고 있다. 또한, 인쇄전자산업은 글로벌마켓을 가진 미래유망기술인 태양전지, 센서, 배터리, 스마트카드, 유기 트렌지스터, 메모리 등 광범위한 산업에 응용되고 있다. 세계적으로도 인쇄전자산업은 태동기에서 성장기로 넘어가고 있어, 국내시장 조기 형성과 경쟁 기술의 이해, 그리고 전 세계 경쟁 기업들의 현 상황 분석을 통해 전략적 기술 개발을 통한 해외시장 선점이 중요하다.

 인쇄전자산업의 국가 간 경쟁에 있어서도 일본, 미국, EU를 중심으로 산업에 파급효과가 큰 차세대 기술 확보를 위해 특히 프린팅 설비와 화학 재료 분야에서 신규 연구기관 및 기업출연이 급속히 증가하고 있다. 국내에서는 디스플레이, 태양전지, 센서 등의 분야에서 기존 공정을 대체하는 인쇄전자기술의 적용이 활발히 진행되고 있다. 따라서 본 보고서를 통해 인쇄전자산업의 현 위치와 산업 특성을 분석하여 인쇄전자산업이 나아갈 방향을 가늠해 보고자 한다.

 본 개정판에서는 인쇄전자 기업 현황과 최근 이슈가 되고 있는 인쇄전자 기업들의 기술 개발 현황을 추가하였으니, 참고하시기 바란다.

II. 인쇄전자란

II. 인쇄전자란?

1. 인쇄전자의 개념

인쇄전자(Printed Electronics)란 인쇄기술을 통해 전자 소자 및 부품 혹은 모듈을 제조하는 것을 통칭하는 말로써, 전도성(Conductive) 또는 기능성 잉크를 플라스틱이나 종이, 헝겊 등 기판(Substrate)에 찍어 원하는 기능의 제품을 만드는 것을 가능케 한다. 반도체, 트랜지스터, 저항, 절연층 등을 미리 디자인된 형태로 그려내는 것이 한 예이다.

1980년대에 실리콘밸리의 Elf Technology사가 표준 잉크젯프린터에 적용 가능한 전도성 잉크를 개발한 이후, 1997년에는 Bell Labs이 스크린 프린팅 기술을 사용하여, 플라스틱 필름에 트랜지스터를 세계 최초로 제조했다. 스마트카드와 같은 틈새시장에 인쇄전자의 상업적 응용이 시작되었다.[1]

현재 우리 사회는 전자 소자 및 이들의 집합체로 구성된 전기·전자 제품의 적용이 필수적인 시대로 접어들었다. 따라서 이들 제품이 없는 일상은 상상할 수 없을 정도로 우리 생활에 광범위하게 스며들었기 때문에, 인쇄전자가 갖는 잠재력과 파급효과는 두말할 필요가 없을 것이다.

더불어 인쇄전자가 갖는 특별함은, 실리콘(Si) 등 무기물이 아닌 유기물에 기반을 둔 전자 소자 제조의 유기전자(Organic Electronics), 딱딱하고 정형화된 소자나 부품에서 벗어나 구부릴 수 있는 필름을 기반으로 제품을 만드는 플렉시블 전자제품(Flexible Electronics) 등에 적용되어 그 맥을 같이 한다는 것이다.

현재까지 전 세계적으로 전기·전자 산업 분야에서 전기·전자 회로, 배선을 형성하기 위해 반도체 제조 공정인 포토리소그라피(Photolithography) 공정을 주로 사용해 왔다. 포토리소그라피란 반도체 웨이퍼 위에 감광 성질이 있는 포토레지스트(Photoresist, 감광제)를 얇게 바른 후, 원하는 마스크 패턴을 올려놓고 빛을 가해 사진을 찍

---

1) 박정용·박재수, The present status and future aspects of the market for printed electronics, 2012

는 것과 같은 방법으로 회로를 형성하는 방식이다. 이러한 포토리소그라피 공정은 대규모의 노광장치가 필요하고, 불필요한 부분을 제거함으로써 원하는 회로가 형성되는 Subtractive process 공정기술이다.

 이러한 이유로 포토리소그라피 공정은 대규모의 장치가 필요하고, 9단계의 공정을 거쳐야 하므로 공정 Cycle Time이 길며, 환경 유해 물질을 다량 배출하는 문제점이 존재한다.

 반도체나 디스플레이가 대표적인 예이다. 반도체 메모리는 웨이퍼에 포토마스크를 통해 회로 패턴을 옮긴 후 화학 약품으로 불필요한 부분을 제거하여 만든다. 우리나라 주력 산업의 하나인 디스플레이 또한 이러한 제조 방식에 기본적인 골격을 같이 한다.

 정밀도와 신뢰성은 뛰어나지만 설비투자 등, 비용이 많이 드는 장치 산업적 성격이 있다. 또한 공정에서 배출되는 유해 물질의 처리도 문제가 되기도 한다.

 하지만 인쇄전자는 기존의 실리콘 기반의 배치(Batch)타입 제조 공정을 연속공정(Roll-to-roll, R2R)으로 바꿀 수 있게 한다. 인쇄에 기반을 둔 R2R 공정은 기본적으로 필요한 재료만을 기질 혹은 기판 위에 추가하는 방식으로, 기존의 포토리소그라피(Photolithography) 등에 의한 복잡한 공정을 크게 줄일 수 있다.

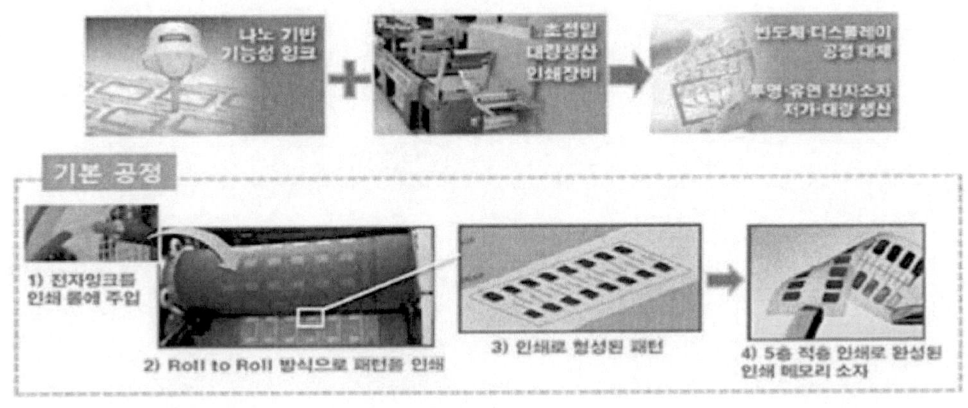

그림 1 인쇄 전자 기술 기본공정

위의 그림과 같이, 인쇄 전자 기술은 포토리소그라피 공정을 대체할 수 있는 것으로 사용자가 원하는 회로만을 선택적으로 형성할 수 있는 Additive pocess 공정 기술로서, 대면적 인쇄가 가능하고 대규모의 장치가 필요 없다는 장점이 있다.

또한 인쇄전자는 필름과 같은 유연한 재료를 활용하여 회전롤에 감아 인쇄하는 방식이 가능하다. 기존 소자 제조 공정과 비교할 때, 아직까지 정밀도는 낮지만 생산 비용은 저렴하다는 장점을 가지고 있다. R2R 연속공정이라 생산 속도 또한 크게 높일 수 있다. 제품에 따라 다르겠지만, 인쇄방식을 통해 적게는 40%, 많게는 90% 이상 생산 원가를 줄일 수 있다는 분석이다.

그 외에 기존 실리콘 기반 공정에서 쓰고 버리는 재료나 독성 물질의 사용량, 에너지 소비 등도 대폭 줄일 수 있어 환경 친화적인 특징도 있다. 보다 다양하고 유연한 기판 혹은 기질에 기능성 소자나 회로, 메모리 등을 심을 수 있어, 인쇄전자는 고객이나 소비자의 디자인에 대한 욕구를 충족시킴과 동시에 새로운 수요도 창출할 수 있을 것으로 기대된다.

인쇄전자는 과거 인쇄회로기판의 회로, 반도체의 포토마스크, 디스플레이의 컬러필터 등 일부 영역에 제한적으로 적용되어 왔기 때문에 완전히 새로운 영역이라고 볼 수는 없다. 하지만 2005년 이후, 각종 잉크 및 기판 재료와 미세 인쇄 기술이 발전·융합하면서 새로운 성장 영역으로 주목을 받고 있다.

이는 나노 기술, 소재 기술 등 관련 기술이 지속적으로 발전하고 있는 가운데, 기존 전자 소자 및 부품의 제조에서 새로운 활로를 찾으려는 수요가 증가하면서 생긴 결과로 판단된다.

관련 업계의 다수의 전문가들은 전자산업뿐 아니라 보안서비스, 포장 및 유통, 환경, 에너지, 헬스 케어 산업에까지 광범위한 응용이 가능하다고 내다보고 있으므로 기존에 가능성에 불과했던 인쇄전자가 점차 현실화 되어 그 응용분야가 광범위하게 확대되고 있는 실정이다.

시장조사기관인 IDTechEx에 따르면, 인쇄전자, 유기전자, 유연전자 등의 시장은 현재 20억 달러 수준이지만 2020년 400억 달러 이상의 규모로 성장할 것이라고 전망되며, 이중 인쇄전자 시장만의 규모는 후술하기로 한다.

앞서 언급한 내용을 정리하여 서술하면, 인쇄공정 기술은 저온에서 공정이 가능한 기능성 잉크소재(절연체/반도체/도체)들의 개발을 통해서 유연한 플라스틱 기판에 전자소자를 제작하는 플렉서블 전자소자, 유연전자소자 기술과 연관되며 필름과 같은 유연한 재료를 활용하여 회전 롤에 감아 인쇄하는 방식(Roll-to-roll, R2R)이다.

롤투롤 방식은 큰 면적의 장치를 생산하는 경우에 주로 활용되며 크게 세 가지 기법으로 분류된다.

1. **그라비어(gravure)인쇄** : 음각 판에 전자인쇄 잉크를 채우고, 압동(impression roller)과의 사이에 기질을 끼워 압력을 가해 인쇄하는 방법으로 증착이 용이하다는 장점이 있어 정밀한 반도체 제작에 활용
2. **플렉소(flexographic)인쇄** : 유연한 판재료에 잉크를 묻힌 다음 기질에 인쇄하는 방식으로 대면적 인쇄와 도체 잉크, 유기 유전체 잉크 인쇄에 주로 활용
3. **오프셋(offset)인쇄** : 금속판에 칠해진 잉크가 고무 롤러를 통해서 기질에 묻어가는 방식으로 무기 도체와 유기 도체, 유전체 잉크의 경우에 활용

따라서 향후 연속 생산 공정(Roll-to-Roll)의 구현이 가능하므로 잉크젯 및 R2R(Roll to Roll)기술을 이용하여 RFID, 디스플레이, 센서, 배터리, 태양전지, 유기 트랜지스터, 메모리, 스마트카드, 조명 기기 제조 등의 다양한 분야에 활용되어 그 적용분야가 급격히 증가될 것으로 예상한다.

또한 대면적 고속, 대량생산에 적합하기 때문에 생산비용 절감이 가능하고, 공정 과정의 단순화를 통해 생산성 향상과 노광공정에서 낭비되는 재료비용의 절감을 통한 원가절감으로 제품의 경쟁력 확보가 가능한 초저가 친환경 미래의 전자소자 생산 기술로 평가된다.

<요약하기>

☞**인쇄전자 (Printed Electronics)란?:**

인쇄기술을 통해 전자 소자 및 부품 혹은 모듈을 제조하는 것을 통칭

예) 반도체 제조 공정

☞**기존 공정(포토리쏘그라피 방식)의 단점**

1) 대규모의 장치가 필요

2) 공정의 Cycle Time의 장기화

3) 환경 유해 물질의 다량 배출

☞**인쇄전자 기술의 적용으로 기존의 공정에 롤투롤(Roll-to-roll) 공정을 적용**

1) 생산비용이 저렴함

2) 환경 친화적인 특징

3) 다품종 대량 생산이 가능

4) 응용분야가 매우 광범위

2. 기존 기술과의 차이점[2]

위에서 살펴보았듯, 인쇄전자는 기존의 실리콘 기반의 배치(Batch)타입 제조 공정을 연속공정(Roll-to-Roll, R2R)으로 바꿀 수 있게 한다는 것이 핵심이다. 따라서 필름과 같은 유연한 재료를 활용하여 회전 롤에 감아 인쇄하는 방식이 가능해지는 것이다.

인쇄전자 기술은 요약공정이 가능한 다양한 기능성 잉크소재(functional ink materials)를 직접 인쇄공정을 이용하여 스마트폰, 디지털카메라, DVD(Digital Versatile Disc), PDP(Plasma Display Panel), LCD(Liquid Crystal Display) 등 디지털 가전과 같이 다양한 전자소자를 제작하는 기술이다.

인쇄전자 기술은 인쇄기술을 이용하여 다양한 전자소자를 제작하는 분야로, 인쇄공정을 통해서 전자소자를 제작하면 기존 공정에 비해서 여러 가지 장점을 가질 수 있다. 우선 값 비싼 제작과정 없이 다양한 공정이 가능하여 공정비용을 획기적으로 낮출 수 있으며, 연속공정을 통해서 공정 속도 또한 증대시킬 수 있다. 또한, 공정을 유지하는데 사용되는 전기 등 각종 에너지의 소비를 줄여서 환경 친화적인 공정이 가능하며, 원하는 부분에만 선택적으로 전자소자의 제작이 가능하므로 불필요한 화학적인 폐기물의 배출을 최소화할 수 있다.

그리고, 인쇄전자 기술은 많은 잉크 소재들이 저온에서 공정이 가능하여 유연한 플라스틱 기판 위에 전자소자를 구현하는 플렉시블 전자소자 기술과 매우 높은 공정 적합성을 지니고 있어서 향후 플렉시블 디스플레이나 플렉시블 전자소자 공정 기술로 사용될 수 있는 높은 가능성을 지니고 있다.

이와 같이 평면으로 된 이차원(2D) 개체를 스캔, 복사, 출력하는 형식으로 전자소자를 제작하는 연구 이외에 삼차원(3D) 프린터를 이용하여 3D로 디자인 된 정보를 입력 받아 입체적인 형태로 출력하는 연구가 진행되고 있는데, 3D 프린터는 디지털로 된 도면을 이용해 비교적 간편하게 입체적인 물건을 만들어 낸다.

---

2) ETRI, 인쇄전자 기술 및 동향, 2013

이미 산업계에서는 3D 프린터를 제조 과정에서 일부 활용하고 있으며, 최근에는 3D 프린팅의 맞춤형 다품종 소량 생산 과정을 적용하여 액세서리 등의 새로운 시장에 대한 기대 및 요구가 커지는 중이다.

이러한 2D와 3D의 인쇄기술들은 과거 인쇄회로 기판의 회로, 반도체의 포토마스크, 디스플레이의 컬러 필터 등 일부 영역에 제한적으로 적용되어 온 인쇄전자의 분야를 각종 잉크 및 기판 재료와 미세 인쇄기술이 발전·융합하면서 새로운 영역으로 성장시키는 기폭제 역할을 하고 있다.

이는 나노 기술(NT), 바이오 기술(BT) 등 관련 기술이 지속적으로 발전하고 있는 가운데, 기존 전자소자 및 부품의 제조에서 새로운 활로를 찾고 수요가 증가하는 측면과 맞물려서 나타나는 결과이다. 이에 많은 전문가들은 비단 전자산업 뿐 아니라 보안서비스, 포장 및 유통, 환경/에너지, 헬스 케어 산업에 까지 광범위한 응용이 가능하다고 내다보고 있다. 과거 가능성으로만 머물렀던 분야가 이제는 새로운 인쇄기술로 탈바꿈하고 있으며, 이러한 기술들이 미래 ICT 분야에 중요하게 자리매김을 할 것으로 판단된다. 다음은 기존의 제조 공정과 인쇄 공정의 차이점에 대한 그림과, 인쇄전자 소자의 장단점에 대한 표이다.

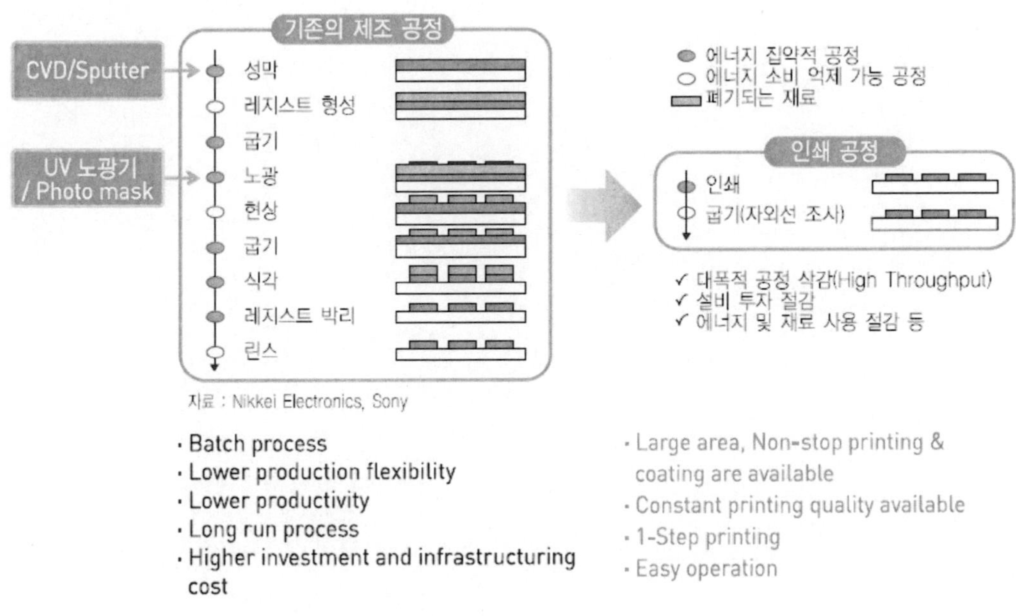

그림 2 기존의 제조 공정과 인쇄 공정의 차이점

<요약하기>

☞**롤투롤 방식은 큰 면적의 장치를 생산하는 경우에 주로 활용되며 크게 세 가지 기법으로 분류된다.**

-**그라비어(gravure)인쇄**: 음각 판에 전자인쇄 잉크를 채우고, 압동(impression roller)과의 사이에 기질을 끼워 압력을 가해 인쇄하는 방법으로 증착이 용이하다는 장점이 있어 정밀한 반도체 제작에 활용

-**플렉소(flexographic)인쇄**: 유연한 판재료에 잉크를 묻힌 다음 기질에 인쇄하는 방식으로 대면적 인쇄와 도체 잉크, 유기 유전체 잉크 인쇄에 주로 활용

-**오프셋(offset)인쇄**: 금속판에 칠해진 잉크가 고무 롤러를 통해서 기질에 묻어가는 방식으로 무기 도체와 유기 도체, 유전체 잉크의 경우에 활용

☞**롤투롤(Roll-to-roll) 기술로 대표되는 기존 기술과의 차이점은 다음과 같이 요약될 수 있다.**

1) 공정비용 절감
2) 공정 속도 증대
3) 친환경적 공정
4) 공정의 유연성
5) 다양한 응용분야

3. 인쇄전자 산업의 구조

  인쇄전자 기술 산업을 쉽게 이해하기 위해 원재료, 공정, 관련 제품으로 가치사슬을
나누어 볼 수 있다. 즉, 인쇄전자 산업은 유연기판(특수필름)과 전자잉크 같은 원재료
(materials), R2R방식 등의 인쇄기기 또는 시스템(process), 그리고 안테나, 배터리,
집적 회로, OLEDs와 같은 디바이스(devices)와 RFID, 태양전지, e-book, 디스플레
이 같은 응용제품(applications)으로 구성되어 있다. 이를 그림으로 쉽게 표현하면,
다음과 같이 나타낼 수 있다.[3]

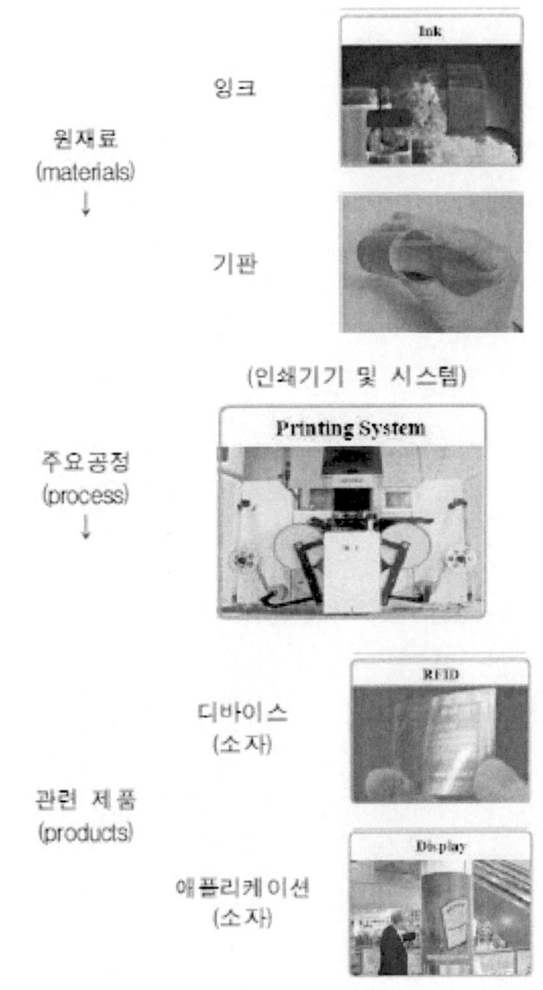

그림 3 인쇄전자 주요공정 과정

---

3) 인쇄전자 산업시장의 현황과 전망, 박정용 · 박재수

인쇄전자산업의 가치는 '초저가', '대량생산'이라 볼 수 있다. 인쇄전자 산업은 기존의 반도체 공정 대체, 고속 대량 생산이 가능한 롤투롤 연속인쇄공정을 이용해 유연 기판(저온에서의 생산)을 초저가로 대량생산할 수 있다. Rigid 타입의 전자소자에서 flexible 타입의 전자 소자로 많은 전자 디바이스가 변화할 것이기 때문에 생산기업들의 변화를 요구한다고 볼 수 있다. 따라서 기존의 생산 기술과는 아주 다르기에 산업 자체가 변화할 가능성이 있다. 초기투자비용이 낮아지기 때문에 중소기업 중심의 다양한 응용제품의 생산이 가능해 질 것으로 보인다.

이러한 flexible 타입의 전자 소자를 생산하기 위해 대면적 R2R생산시스템이 포함된 용액기반의 인쇄전자공정이 개발 되면, 제조비용을 절감할 수 있다. 유연한 플라스틱 기판을 활용하여 R2R공정에 의거 초저가/대량생산 가능하며, 기존 방식에 비해 공정 수가 약 70% 감소하고, 생산비용의 90%를 절감할 수 있다.

III.인쇄전자 산업 응용분야

III. 인쇄전자 산업 응용분야

인쇄전자는 RFID 태그, 조명, 디스플레이, 태양전지, 전지(Battery) 등 반도체나 소자, 회로, 고성능집적회로 (IC) 등이 쓰이는 거의 모든 제품이 응용된다. 전자산업 뿐 아니라 보안서비스, 포장 및 유통, 환경/에너지, 헬스 케어 산업에까지 광범위한 응용이 가능하다. 인쇄전자는 클린룸에서 제조되는 기술이 아닌 저가의 기판위에서 자동화된 공정으로 프린팅 되는 소자를 말하며 전도성(Conductive) 또는 기능성잉크를 플라스틱이나 종이, 헝겊 등 기판(Substrate)에 인쇄하여 원하는 기능의 제품을 만드는 것이다.

즉, 인쇄전자 산업은 전기전자 제품의 공정과 디자인을 새롭게 정의할 수 있어 향후 RFID 태그, 센서, 조명, 디스플레이, 태양전지, 전지(Battery) 등 반도체나 전자소자, 회로 등이 쓰이는 거의 모든 영역에 적용 가능하다고 요약할 수 있다.

관련 기술, 업계의 전문가들은 장기적으로 컴퓨터의 핵심 부품이나 모듈을 인쇄하는 등 고성능 집적회로(IC)까지도 기존의 실리콘 기반 제품을 충분히 대체할 수 있으리라 예측하고 있다.

따라서 향후 인쇄전자 산업의 적용분야 중 주목할 만한, 인쇄전자의 주요 응용 영역과 파급 효과 등에 대하여 간략히 살펴본다.

1. 조명분야

인쇄전자 산업에서 조명이 적용되는 분야는 최근 개발 및 적용이 활발한 OLED를 말한다. OLED의 높은 성능과 에너지 소비가 적은 친환경적인 특성이 부각되면서 자연스레 인쇄전자 기술과 연관성이 발생했다.

일반적으로 조명분야는 상대적으로 높은 기술 수준을 필요로 하는 디스플레이 분야에 비해 인쇄기술을 적용하기가 쉽다. LED나 OLED 조명의 경우, 다양한 설치 위치와 환경, 소비자 니즈 등에 따라 맞춤형 디자인이 가능하다는 장점이 있다. 일반적으

로 기존의 조명은 이미 만들어진 것 중에 맘에 드는 것을 고르거나 이미 설치된 것을 그냥 사용하는 수준이었다.

그러나 조명으로서의 높은 성능과 다양한 밝기와 색채를 나타낼 수 있는 장점을 지닌 OLED 조명은 이전에 없던 또 다른 가능성을 열어놓고 있으므로, 이러한 관점에서 GE나 Osram과 같은 대표적인 조명 기업들이 인쇄기술을 활용한 플렉시블 OLED 조명의 개발과 상업화를 추진하는 것의 명백한 이유를 찾을 수 있다.

2. RFID 태그

인쇄전자는 RFID 태그의 시장 성장에 기폭제로 작용할 전망이다. 현재 RFID 태그는 대부분 실리콘 기반이며, 실제 마트나 상점에서는 바코드가 더욱 일반적이다. RFID 태그 가격이 개당 0.2 달러 수준인데 비해, 바코드는 이보다 1/100 이하 수준으로 저렴하다.

인쇄전자를 통해 RFID 태그의 가격을 현재의 1/10~1/20 수준 이하로 낮출 수 있을 것이라는 게 일반적 견해다. 그렇게 되면 RFID 태그가 훨씬 더 많은 정보를 전달할 수 있는데다 원거리 인식도 가능하기 때문에 바코드를 대체할 수도 있다는 분석이다.

해마다 2배 이상의 급속한 성장을 보이는 RFID 태그 시장에 불이 붙었는데, 인쇄전자는 여기에 기름을 붓는 격이다. RFID 태그는 스마트 패키징 및 재고 관리, 보안 솔루션이나 스마트카드, 헬스 케어 등 그 활용 영역이 매우 넓다.

인쇄 RFID 태그의 가능성을 미리 알아보고 활발하게 움직이는 기업들로는 독일의 PolyIC, 미국의 IBM과 Organic ID, 노르웨이의 Thin Film Electronics 등이 대표적이다.

3. 디스플레이 분야

인쇄전자에서 가장 주목할 영역은 바로 디스플레이 분야이다. 개인별 취향이나 용도별 니즈를 만족시킬 수 있는 디자인에 저렴한 가격까지 더해지면서, 인쇄 디스플레이는 소비자들의 생활 패턴까지도 확 바꿀 잠재력을 가지고 있다.

이미 2010년부터 E Ink의 E-paper를 장착한 Plastic Logic의 'QUE'라는 전자책 단말기(E-reader)가 Barnes & Noble을 통해 수요가 급증하고 있다. 플라스틱 기판 위에 인쇄를 통해 유기 TFT(박막트랜지스터)를 구성함으로써 일반 잡지보다 얇고 가볍게 만들 수 있었다.

이보다 앞서 발매된 Amazon의 전자책 단말기 Kindle 또한 인쇄전자 기술을 활용하여 디스플레이를 만들었다. Sony 등을 위시한 글로벌 기업들이 전자책 단말기의 성장성에 주목하여 시장에 가세하고 있다. 반면, Amazon에 따르면, 종이책의 경우 판매량이 올 1~2월만 해도 전년 동기 대비 25% 가까운 감소세를 보였다.

인쇄전자에 의한 디스플레이의 변혁은 전자책 단말기부터 시작하여 LCD와 OLED로 이어질 전망으로 파악되며, LCD 패널의 컬러필터에 잉크젯 기술을 적용하거나 R2R 방식의 생산 공정도 검토되고 있는 것으로 알려졌다.

하지만 플라스틱을 기판으로 하는 TFT의 인쇄는, LCD나 OLED 구동부가 요구하는 성능과의 기술 격차가 아직은 커, 적어도 1년에서 3년 이후에나 상업화가 가능하리라는 전망이다.

전 세계적으로 500개 이상의 기업들이 인쇄 TFT 개발 및 상업화 경쟁에 뛰어들고 있는 점을 고려한다면, 시중에서 인쇄 기술에 기반을 둔 디스플레이를 볼 날이 앞당겨질 수도 있을 것이다.

디스플레이 분야에서 LCD 이후 가장 각광받을 유형으로 OLED를 꼽고 있는데, 인쇄 기술이 빠르게 적용될 경우 LCD 대 OLED의 경쟁 구조 또한 더욱 역동적으로 달라

질 수 있을 것이다.

4. 태양전지 분야

인쇄전자의 중요한 응용 영역 중 하나는 태양전지 분야이다. 인쇄기술 접목이 용이한 플라스틱 기반의 태양전지는 쉽게 구부러지는 특성으로 인해 휴대하거나 다른 데 붙여 전원으로 사용하기에 편리하다.

현재의 실리콘 기반 태양전지는 제조 공정을 거치면서 사용되는 실리콘의 60%가 버려져 생산 비용 증가로 연결된다. 인쇄기술을 통해 태양전지의 생산 비용을 낮추려는 시도가 활발하게 이루어지고 있다.

얇고 가벼우며 구부러질 수 있는 특성으로 인해 플라스틱 기반의 태양전지는 기존 실리콘 기반 시장과는 별도의 틈새시장에서부터 점차 입지를 넓힐 것으로 보인다. 아직은 구성 재료의 성능과 내구성 등이 실리콘 기반 태양전지와 비교하여 뒤져 있으며, 제품 대부분이 주로 연구개발 단계에 있는 것으로 파악된다.

하지만 Green 사업으로서의 성장 가능성을 보고 많은 기업들이 뛰어들고 있으며, First Solar 등 기존의 태양전지 선도 기업들도 관심을 보이고 있어 향후 귀추가 주목이 된다. 이 영역에는 미국의 Konarka, NanoSolar 등의 활동이 두드러진다.

한편, 또 다른 전원으로서 인쇄 배터리도 시도되고 있는데, 기판에 직접 인쇄하여 부품에 일체화하거나 고밀도의 자동차용 배터리에도 확장하려는 움직임이 관측되고 있다. 하지만 아직은 실험실 수준으로 평가되고 있어 상업화까지는 상당한 노력과 시간이 필요할 것으로 보인다.

<요약하기>

인쇄전자 산업은 RFID 태그, 센서, 조명, 디스플레이, 태양전지, 전지(Battery) 등 반도체나 전자소자, 회로 등이 쓰이는 거의 모든 영역에 적용가능하다고 볼 수 있으나, 장점이 있는 반면 현실적 장벽 역시도 존재한다.

따라서 우리는 네 가지 분야에 주목해 보았다

1) 조명분야(GE, Osram)

☞대표적인 조명 기업들이 인쇄기술을 활용한 플렉시블 OLED 조명의 개발과 상업화를 추진하는 중

2) RFID 태그(IBM, Organic ID, Thin Film Electronics)

☞기존 바코드와 비슷. RFID 태그는 스마트 패키징 및 재고 관리, 보안 솔루션이나 스마트카드, 헬스케어 등 그 활용 영역이 광범위함.

3) 디스플레이 분야(Amazon, Sony 등 전자책 시장)

☞인쇄전자에서 가장 주목할 만한 분야
-전자책 시장이 대표적
-LCD 패널의 컬러필터에 잉크젯 기술을 적용 하는 부분
-OLED, LCD 모두에 인쇄전자 기술이 적용 가능

4) 태양전지 분야(Konarka, NanoSolar)

☞인쇄전자에서 가장 주목할 만한 분야
-태양전지 생산에 적용 시 비용 절감이 예상됨

IV.인쇄전자 시장 현황

IV. 인쇄전자 시장 현황

1. 세계 현황

 최근 프린팅 전자 소자 분야에 많은 기업들이 참여하고 있으며 확인된 기업 및 연구 기관은 약 700여 개로, 여러 응용 분야에 골고루 분포되어 있다.

 유럽에서는 독일을 중심으로 화학분야의 산업체들과 프린팅 설비업체들이 활발히 연구개발에 인프라를 확충하고 있고, 영국에서는 캠브리지 대학을 중심으로 한 유기 전자 소자 분야의 연구 결과들이 신생 기업들을 탄생시키고 있다.

 이와 더불어 네덜란드의 아인트호벤, 독일의 드레스덴, 스위스의 바젤, 핀란드의 오울루, 스웨덴의 노로코핑/린코핑 등의 지역에서 이 분야의 연구가 활발히 진행되고 있다. 유럽의 대표적인 광전지 분야의 회사로는 잉크젯 프린팅에 의한 DSSC를 생산하는 영국의 G24i와 CIGS를 생산하는 독일의 나노솔라가 있고 조명 분야에 독일의 오스람, 지멘스, 필립스 등이 대표 회사들이다. 여기에 미국의 벤처 캐피탈과 정부 그리고 군으로부터의 막대한 자금이 이 분야로 투자되어 시장 확충의 기폭제가 되고 있다.

 글로벌 기업들도 인쇄전자의 막대한 잠재력에 주목하고 연구개발과 상업화에 활발한 움직임을 보이고 있다. 미국의 '티잉크(T-ink)'사는 포드에서 생산하는 차량 100만대에 인쇄전자 기술을 적용한 선루프 제어장치, 에어컨 조정장치 등 차량 내 각종 전자 제어장치를 만들고 있고, 스웨덴의 Thin film사는 이탈리아산 와인에 인쇄전자 기술을 이용한 상표 보호 라벨을 적용하고 있다.

 인쇄전자분야 전문조사기관인 IDtechEX의 자료에 의하면, 2020년에는 730억불 규모, 2030년에는 약 3,400억 달러 규모의 인쇄전자 시장이 형성될 것으로 예측된다.[4] 제품군으로 OLED 조명, 배터리, 전자종이 등의 디스플레이 제품뿐만 아니라 일반적인 소비재 (수질 오염 측정 센서, 완구 등)에 이르기까지 다양한 영역에서 인쇄전자

---

4) 자료: IDtechEX(2012)

공정 도입 움직임이 있으며, 대량생산 기반의 인쇄전자가 창출 가능한 응용시장은 2015년 이후부터 점차 성장해왔다.5)6)

또한 IDTechEx는 2029년에 3D 프린팅 의료기기 및 제약 시장의 규모가 61억 달러에 달할 것으로 예상했다. IDTechEx에 따르면, 빠르게 성장하는 이 시장의 연평균 성장률이 일부 하위 부문에서 최대 18%에 달할 전망이라고 한다. 7)

플렉서블 디스플레이의 회로 기판을 제조하기 위한 인쇄기술 및 유기박막 트랜지스터에 대한 연구는 디스플레이 분야의 선진국가인 미국, 일본, 유럽 등에서 미래 기술 확보를 위한 치열한 경쟁이 진행되고 있다. 미국을 필두로 일본, 독일 등이 인쇄전자 산업 육성에 적극적으로 투자하고 있으며, 집중 분야는 플렉서블 디스플레이와 OLED Lighting이다. 미국의 인쇄전자 관련 투자는 양적인 면에서 압도적이며, 소재, 디스플레이, 태양전지 분야를 비롯하여 전 분야에 걸쳐 연구개발이 진행되고 있다. 독일과 영국의 경우, 소재 부문에 역량을 집중하고 있고, 프랑스는 태양전지 부문에 집중하고 있으며 일본은 소재와 디스플레이 조명분야가 인쇄전자 산업의 큰 비중을 차지하고 있다.

구 분	정책 동향
일본	• 경제 산업성 산하의 NEDO를 통해 고효율 OLED 디바이스 개발 프로젝트로 '대화면 디스플레이 개발' 과 'Flexible Display 개발' 사업을 지원
대만	• 양조쌍성산업(반도체, Panel, Digital Contents, BT)으로 제정하여 국가차원 산업 육성 중 • ITRI 내의 8가지 분야로 산업 연맹을 통해서 연구수행
미국	• NSF의 자금을 받은 Arizona State University의 Flexible display center를 비롯하여, Georgia Institute Technology의 Center for Organic Photonics and Electronics 등을 중심으로 핵심 원천 기술 확보를 서두르고 있음
유럽	• Flexible display 분야의 가장 오래된 개발 역사를 지니고 있음 • 유럽연합을 통해서 Flexodisplay, NAIMO 등 대규모 프로젝트가 지원되었고 현재 여러가지 연구가 활발하게 수행되고 있음

그림 4 주요 국가별 정책 동향

---

5) 인쇄전자산업과 전북의 특성화 전략, 유지연
6) 인쇄전자 산업시장의 현황과 전망, 박정용 · 박재수
7) [PRNewswire] IDTechEx, 3D 프린팅 의료기기 시장 예측

구분	2016	2018	2020	2022	2024	GAGR
로직/메모리	840	2,580	6,300	23,711	89,240	94%
OLEDdis'	840	1,820	4,250	13,017	39,865	75%
OLED 조명	470	1,120	1,800	3,943	8,637	48%
전기영동소자	800	2,000	4,200	10,090	24,242	55%
전기변색소자	20	40	90	187	387	44%
전기발광소자	300	400	400	484	585	10%
기타 디스플레이	210	420	750	1,849	4,556	57%
배터리	130	340	700	1,644	3,949	55%
태양광전지	2,610	6,300	11,240	17,969	41,516	52%
센서	450	780	1,120	2,226	4,426	41%
전도체(잉크)	980	1,360	1,700	2,288	3,079	16%
기타	110	170	230	413	741	34%
유연소자전체	7,760	17,320	32,780	73,755	165,950	50%

그림 4 인쇄전자소자 세계시장
단위: 백만 달러

2. 국내 현황

2007년 이후, 산업 자원부를 중심으로 인쇄전자소자용 소재, 공정 및 장비관련 국책 과제 지원이 시작되었으며, 인쇄전자산업을 새로운 시장창출을 위한 미래선도 기술로 선정하여 연구기술개발에 대한 지원을 강화하고 있다. 과거 지식경제부에서는 인쇄전자 산업을 미래 산업 선도 기술 개발 사업의 하나로 지정하기도 하였고, 인쇄전자 산업은 2025년 기준으로 매출 77조원, 수출 450억 달러, 고용창출 6.4만명, 투자유발 효과 17.4조원의 성과를 낼 것으로 예측하기도 하였다.[8]

EU의 산업적 지원과 연구개발 방향도 반도체, 디스플레이를 아시아에 뺏긴 이후 인

---

8) 인쇄전자산업과 전북의 특성화 전략, 유지연

쇄전자산업기술 분야에 많은 지원을 하고 있고 OE-A를 중심으로 활발한 연구개발이 이루어지고 있다. 미국 또한 3D프린팅 및 인쇄전자 재료산업을 중심으로 많은 연구지원이 이루어지고 있다.

 일본과 중국 또한 대형 국책연구과제 발주를 통하여 인쇄전자산업 선점을 위한 노력을 경주하고 있다. 이러한 세계적인 조류를 부합하고 전 세계적으로 산업적 파급효과가 큰 인쇄전자산업을 리더하기 위해 2011년 7월 한국인쇄전자산업협회는 産·學·研이 중심이 되어 2008년 태동된 한국인쇄전자협의회를 전신으로 하여 창립총회를 개최하였다. 협회는 앞으로도 국가의 차세대 핵심 기술 및 이익 창출을 위한 인쇄전자산업 활성화, 정책지원 및 기업 간 네트워크 활성화를 위해 노력할 것이다.

 한국인쇄전자산업협회는 인쇄전자산업의 지속적인 발전을 위해 국제표준화 활동에 선두적인 역할을 담당하고 있으며, 우리나라가 처음으로 국제표준을 주도하게 된 인쇄전자기술위원회(TC)가 2011년 IEC(국제전기기술위원회) 총회를 통해 설립되었으며, 인쇄전자분야 표준화에 EU, 일본, 미국 등의 협력을 이끌어 내어 인쇄전자분야의 세계표준 리더의 역할을 수행할 것으로 보이며, 표준화와 더불어 국내 인쇄전자 연구개발 확산을 위해 관련 정부부처의 연구개발지원을 이끌어 내기 위해 노력하고 있다. 이러한 일환으로 2012년부터 7년간 1조 5,000억원을 정부와 민간이 공동 투입해 관련 인력 확충 및 연구개발을 지원하는"6대 미래 산업 선도 기술"사업에 인쇄전자분야가 선정되었다.[9)

 성장기에 접어든 인쇄전자산업에서 한국인쇄전자산업협회는 국내시장의 조기형성과 전략적 기술개발을 통한 해외시장 선점을 목표로 인쇄전자산업에서 중요시되는 부품 및 소재분야의 원천기술력 축적과 함께 친환경·융복합 산업의 특성을 활용한 산학연 관간 유기적 상생협력을 이끌어 낼 것으로 예상된다. 이외에도 한국인쇄전자산업협회는 인쇄전자산업발전전략수립, 국제인쇄전자전시회개최, 인력양성 사업 추진, 인쇄전자 통계조사 및 분석, 인쇄전자 네트워크 활성화 광역포럼 및 Printed Electronics Korea(PEK)심포지엄 개최를 통하여 산업 간 네트워크 활성화 및 산학연의 긴밀한 협력 체계를 이끌어 가고 있다.

---

9) 인쇄전자산업 비전 및 발전 전략, 정안정

또한 지난 2016년 국제인쇄전자컨퍼런스(ICFPE)가 국내에서 개최된 바 있다. 삼성, LG 등 대기업 중심으로 디스플레이산업 경쟁력을 기반으로 모듈분야의 기존 노광 공정을 인쇄전자기술로 대체하려는 연구개발이 이루어지고 있다. 대기업과 관련된 장비업체와 중소기업에서도 인쇄전자산업에 대한 관심이 높아지고 있으며, 관련 기술개발을 위해 국가, 기업, 대학 및 연구기관들의 협력이 점차 증대되고 있다. 전 세계 OLED TV 시장 규모는 올해 5만대에서 2016년 720만대를 돌파해 이후에도 144배가량 성장할 것으로 전망되며, 이에 따라 인쇄전자 관련전자업계가 동반 성장할 것으로 전망된다.

구 분	장비 및 공정기술
인쇄전자 소재	• 전도성 소재를 중심으로 매년 매출 큰 폭 증가 추세 • 지난 2년 사이에 10여개 이상의 벤처 및 기업의 신규부서가 신설되어 이 분야의 R&D 및 생산 제조에서 경쟁하고 있음 • 관련기업 : 석경AT, 동우화인켐, NPC, 잉크테크, 파루, 창성 등
장비	• 장비 업계에서는 LG(OLED TV 설비)와 삼성(5.5세대 OLED공장(A3) 설비)이 2013년 신규 투자 계획을 발표함에 따라 매출 호조 예상
공정	• 삼성종합기술원, 기계연구원, LG 생산기술연구원 등 연구소 위주로 소재와 장비를 결합하는 공정을 연구하고 있음 • 기업체 중에서는 (주)토바, 파루, 잉크테크 등이 국내에서는 거의 유일하게 공정을 연구하고 있는 기업들이며, 세계 최고 수준의 공정기술을 보유하고 있음

그림 5 기술별 국내 시장 동향

2019년 개최된 제7회 국제3D프린팅코리아엑스포는 3D 프린팅 기술의 현주소와 미래를 조망할 수 있는 자리였으며 발대식에서는 전국의 대학 교수, 기업체 대표, 3D프린팅협회 관계자 등 조직위원 35명이 참석하였다. 제7회 3D프린팅 코리아 엑스포 조직위원회 구성 보고, 행사 준비상황 보고 및 토론, 기타의견 논의, 위촉장 수여 순으로 진행되었고 전시회에는 대건테크, 세중정보기술, 윈포시스, 코로나, 3D 코리아, 티엘비즈, 엘에스비, 한국생산기술연구원, 포스텍 나노융합기술원 등 3D 프린팅 관련 산학연이 참가했다. 컨퍼런스는 메탈 3D 프린팅 포럼, 4D 프린팅 포럼, 3D 프린팅 융합 컨퍼런스 등이 진행되었는데 영국, 필리핀, 베트남, 아제르바이잔, 말레이시아, 몽골, 인도네시아 7개국 기관 및 기업이 연사로 참가했다. '3D프린팅 코리아 엑스포'는 3D프린팅 관련 정보 및 비즈니스 결집과 4차 산업혁명의 주력기술인 3D프린팅기술의 저변 확대를 위하여 2014년부터 개최된 국제행사로 구미시에서는 이번이 세 번째 치러지는 행사였다. 이 행사에서 특히 국민대학교는 3D 프린팅 중소기업이 보유한

니팅기를 오픈소스로 개편하여 별도의 복잡하고 어려운 수가공 없이도 다양한 패턴을 적용할 수 있는 원피스 제작기술을 패션쇼에 선보여 참석자들의 큰 호응을 받은 바 있다.

<국내 주요 추진정책>[10)]
- 나노융합 2020
- 세계시장 선점 10대 핵심소재(WPM)개발
- 인쇄전자용 초정밀 연속생산시스템개발
- 신재생에너지산업 발전전략
- 유연인쇄전자 신전자산업 기술개발사업

<지역별 인쇄전자 관련 중점 육성분야>
- 수원 : 화합물 반도체
- 대전 : 나노소자
- 대구 : 나노융합 복합소재
- 전주 : 인쇄전자 등
- 포항 : 전력반도체, 나노소재
- 광주 : LED 디스플레이

---

10) 인쇄전자산업과 전북의 특성화 전략, 유지연

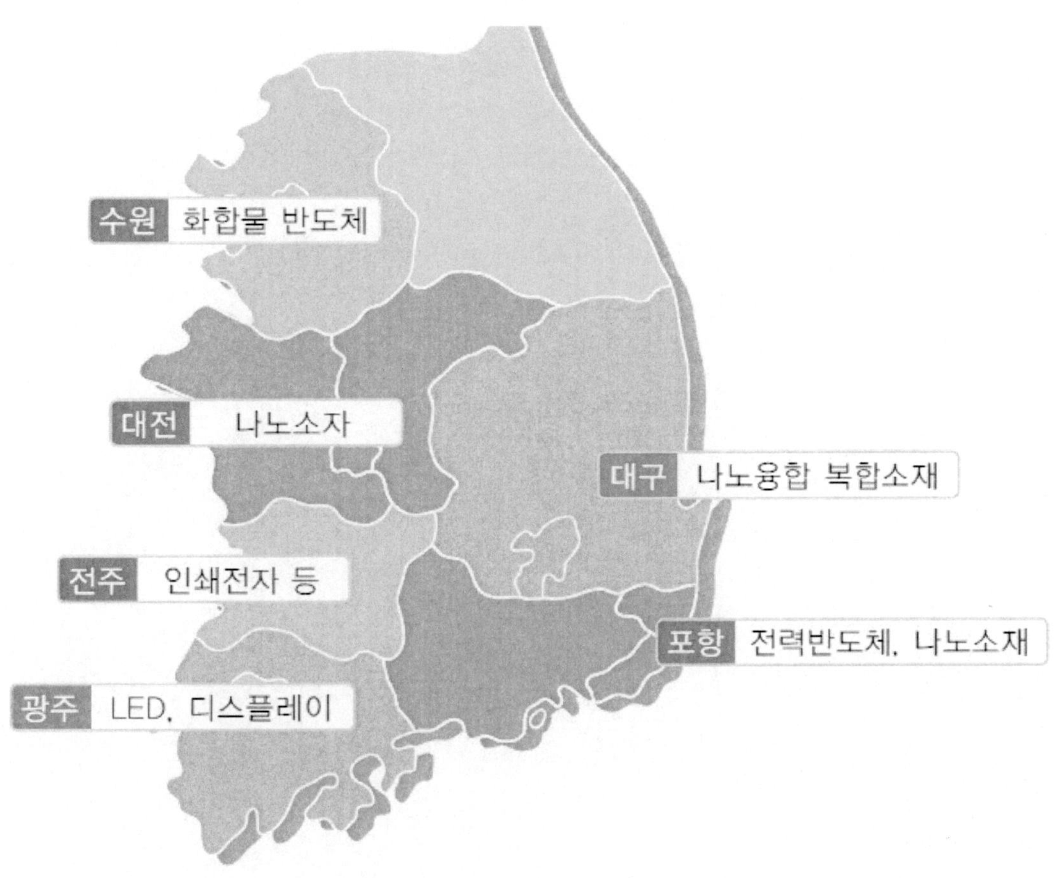

그림 6 지역별 인쇄전자 육성분야

3. 전망

인쇄전자 시장은 아직은 초기 단계지만 재료 및 공정 기술의 발전과 수요의 고도화에 힘입어 그 잠재력이 빠르게 현실화될 것으로 보인다. 시장조사기관인 IDTechEx는 **인쇄전자, 유기전자, 유연전자 등의 시장 규모가 2011년 22억 달러에서 급성장하여, 2021년 440억 달러를 상회할 전망**이라고 발표하였다.

물론 지난 40년 이상 동안 지속적인 기술 혁신으로 시장을 키워온, 연간 약 3,000억 달러 이상에 이르는 반도체 칩 시장의 덩치에는 크게 못 미치는 수준이다. 아직 인쇄전자는 잉크 및 기판 재료, 인쇄 기술 등의 혁신에 있어 갈 길이 멀다.

하지만 전자 제품에 대한 소비자의 니즈가 고도화되면서 인쇄전자에 대한 수요는 지속적으로 확대될 것으로 예상된다. 또한 나노 소재 및 공정 기술의 접목이 가시화되고, 관련 기업들의 협력이나 상업화 경쟁이 활발해지고 있다고 보인다.

또한, Yole Development에서 2013년 보고한 인쇄전자 소자의 기술 개발 방향에서는 반도체, 유전체, 금속 잉크 소재의 특성이 크게 향상되는 2020년 이후에는 OLED 조명 및 디스플레이를 비롯하여 Syetems on foil, 유연한 태양전지, 센서 등의 제품군이 개발될 것으로 예측하고 있다.

결국 두 예측 모두 인쇄전자 시장은 그 막대한 잠재력을 토대로 향후 예측범위를 넘는 큰 성장을 이룰 것이라는 결론에 도달한다.[11]

---

11) 인쇄전자 기술 및 동향, 양용석 외

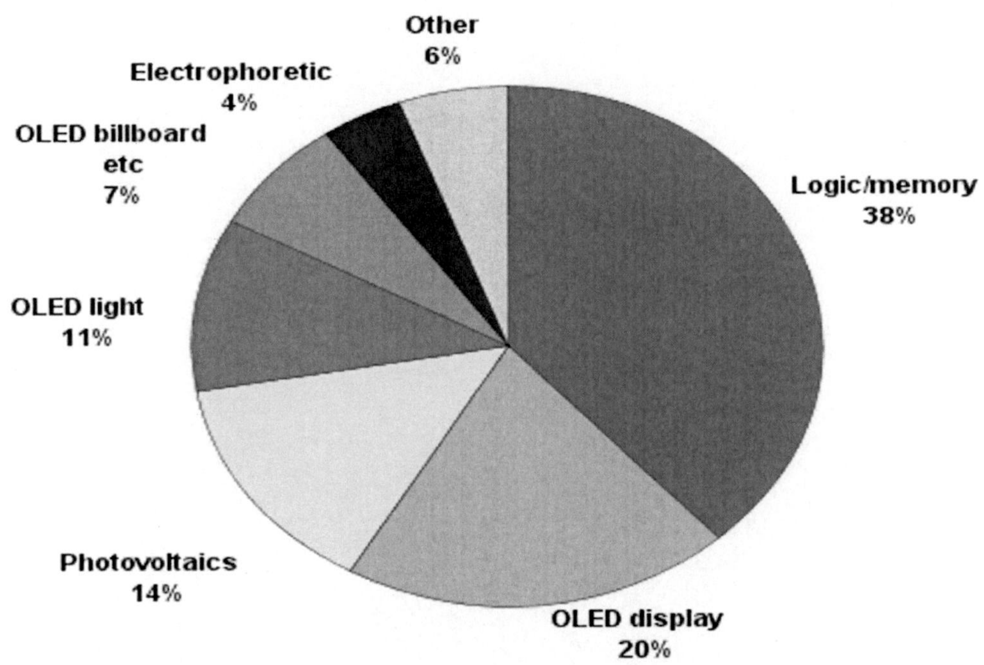

그림 10 2027년까지 인쇄전자시장의 구성전망/ IDtechEX

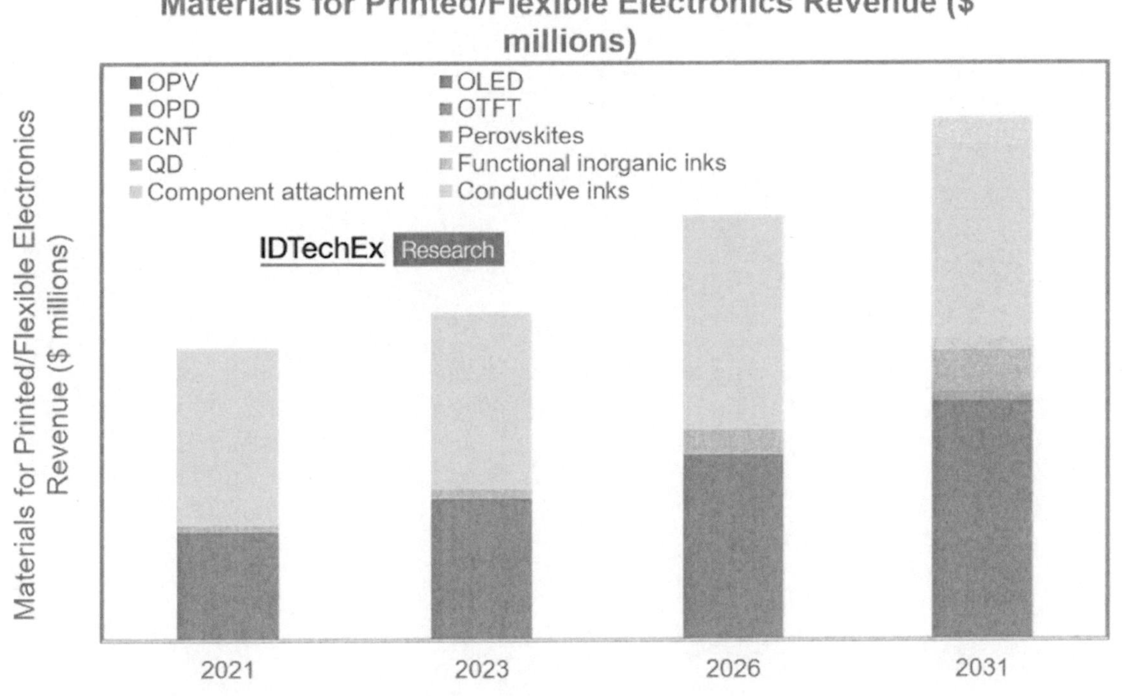

그림 11 프린티드, 플렉서블 전자제품 시장 전망

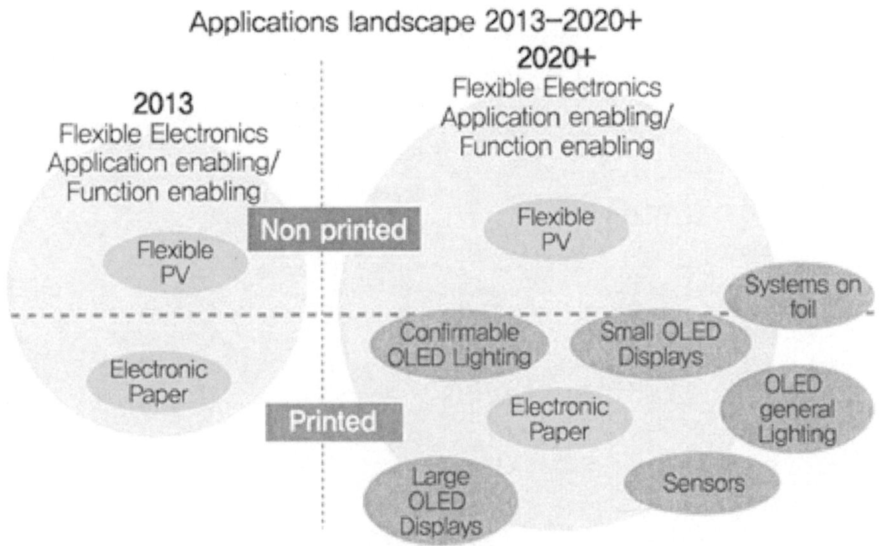

그림 12 인쇄 전자 소재의 기술 개발 현황

인쇄전자 성장 초기에는 RFID 태그나 소형 메모리 카드 등을 통해 스마트 패키징이나 카드, 게임기 등 비교적 저용량의 데이터를 취급하는 제품 중심으로 시장을 형성할 것으로 예상된다. 또한 유무기 반도체 및 관련 재료의 성능과 가격 경쟁력이 향상되면서 인쇄전자 시장은 E-페이퍼, OLED, 태양전지 등에 핵심 역할을 할 것으로 보인다.

OLED는 이미 넓은 스펙트럼을 가지고 있다. OLED가 디스플레이 분야에서 대세가 되면서, 확장 역시도 시도하여 디지털 광고나 포스터, 신호 체계에서 조명, 디스플레이까지 넓은 스펙트럼을 보일 것으로 예상된다. 그리고 여기에 TFT, 센서, 배터리 등이 가세할 것으로 예측된다. 일부 전문가들은 향후 10년 동안은 OLED 관련 영역이 최대 시장을 차지할 것이며, 장기적으로는 로직 및 메모리 분야가 시장을 주도할 것이라는 견해도 내놓고 있다.

인쇄 메모리 시장은 2010년 1,000만 달러에 불과하였지만, 2020년 63억 달러에 이르고, 이후 기술 발전과 더불어 급성장하여, 2030년에는 1,000억 달러 규모에 달할 것으로 IDTechEX는 내다봤다.

일본의 차세대산업과학기술연구소(AIST)는 잉크젯 기술을 이용하여 잘 정돈된 형태의 유기 전도성 단결정 필름을 제조하는 기술을 개발했다고 발표하기도 하였다. 관련 전문가들은 전체 회로를 인쇄하는 기술이 확보될 날도 멀지 않았다고 평가하고 있다.

인쇄전자는 현재 성능이나 정밀도, 신뢰도 측면에서 기존 실리콘 기반 소자에 비해 열등한 것이 사실이다. 따라서 처음에는 인쇄전자 제품의 장점인 경량, 높은 유연성과 디자인 자유도, 저렴한 가격, 친환경성 등을 활용하여 기존 시장과의 경쟁보다는 신규 시장으로서의 입지를 다질 전망이다.

이후 인쇄전자에 기반을 둔 유기TFT, 로직과 메모리 등의 가격대비 성능이 기존의 것과 필적할 만한 수준으로 올라가면 인쇄전자가 본격적인 경쟁력을 발휘하게 될 것으로 예상된다.

그 외 인쇄전자는 인쇄전자를 통해 생산된 제품의 장점인 경량, 높은 유연성과 디자인 자유도, 저렴한 가격, 친환경성 등을 활용한, 신규 시장으로서의 영역이 점차 확대될 것으로 보인다.

현재 관련 시장에서, 인쇄전자 관련 기업들의 협력과 맞물려 인쇄전자에서는 최종 제품의 디자인에 따라 다양한 재료와 공정의 하이브리드가 주목받고 있다. 다양한 유기 및 무기 재료의 혼용, 잉크젯과 그라비아(Gravure) 인쇄 혹은 스크린인쇄 등 인쇄 기술이 연결된 공정 등이 가능하다는 장점을 활용할 수 있기 때문으로 분석된다.

인쇄전자 기술을 통해 원하는 성능을 유지하면서, 고속 대용량으로 저렴하게 생산할 수 있는 이점을 그대로 살리기 위한 방법으로 접근 가능한 최적의 기술 적용 및 기술의 융합이 고려되고 있다. 따라서 점차 인쇄 기술, 재료 기술, 또는 디자인 간에 독보적 기술 역량을 구비한 기업들을 중심으로 한 통합적 사업 형태가 대세가 주류를 이룰 것으로 예상된다.

나아가 제품 혹은 솔루션 단위로 재료와 인쇄 기술이 하나로 통합된 블랙박스 형태의 공급사슬 구조가 기업들의 경쟁력 장벽이 될 가능성을 배제할 수는 없지만, 인쇄

전자 시장의 제품 및 솔루션 유형 측면에서 시장 전체를 주도하는 거대 규모의 소수 솔루션과 특정 고객에 대한 맞춤형 솔루션이 공존할 것으로 예상된다.

 잉크 및 기판 재료와 인쇄 공정의 3 박자가 한데 어우러진 수급 구조를 고려한다면, 범용의 대형 제품 및 솔루션의 성장이 중장기적으로 이루어질 것으로 보인다.

 또한, 인쇄전자의 막대한 잠재력을 주시하는 글로벌의 기업들은 연구개발과 상업화에 활발한 움직임을 보이고 있다. 3M, DuPont, GE 등을 비롯하여 국내외 유수의 전자, 화학, 인쇄 기업, 나노 재료에 특화한 기업, 심지어 IT 기업마저 인쇄전자 시장에 뛰어들고 있다.

 이와 더불어 요소 기술의 전 방위적 통합이 경쟁력의 중요한 원천임을 인식한 기업들은 서로간의 협력을 공고히 하여 시장의 생태계를 확고히 하고 있다. 이러한 움직임은 화학과 전자 및 IT 기술이 인쇄전자에서 융합·발전하고 있음을 보여준다.

 국내에서도 디스플레이 기업 중심으로 인쇄전자에 대한 행보가 관측되고 있다. 일부 LCD 공정에 인쇄기술을 도입한다든지, E-paper 시제품을 선보이기도 한 것들이 그 예이다. 현재까지는 유럽 기업을 필두로 미국과 일본의 기업들이 인쇄전자 영역에서 가장 활발한 모습을 보이고 있다.

2020년 현재 웨어러블과 저비용 센서, IoT 어플리케이션 등 기존 전자 제품으로는 적용할 수 있는 제품 시장이 급격히 성장함에 따라, 전자 시장은 새로운 국면에 접어들고 있다. 특히 인쇄술에 정보통신기술(ICT)과 나노기술(NT)을 접목해 전자회로·소자·디스플레이 따위를 만드는 일이 프로토 타입 생산에서 단순 양산 단계를 거쳐 이제는 수요와 물량에 따라 만들어지는 맞춤형 생산단계까지 바라볼 단계에 도달했다는 것이 전문가들의 전망이다. 이에 따라 국내 기업들은 앞으로 만들어질 인쇄전자 가치사슬 생태계에서 뒤지지 않기 위해 어떤 강점을 발휘할 수 있을지, 어떻게 주도권을 확보할 수 있을지에 대한 전략적 고민이 이루어져야할 시점인 것으로 판단될 뿐 아니라 맞춤형 생산단계의 조속한 도입을 위해 관련 산업을 육성할 필요성이 대두되고 있다.

또 세계 인쇄 전자 시장에 대한 TMR의 보고서에 따르면 2015년 시장 등록 매출은 254억 달러이며, 예측 기간 동안 CAGR이 11.0%로 증가해 2024년 말까지 미화 650억 달러의 평가를 달성할 것으로 전망된다.

Ⅴ.인쇄전자 산업현황

V. 인쇄전자 산업 현황

1. 현황

인쇄전자(printed electronics)기술은 인쇄가 가능한 기능성 전자 잉크 소재를 이용하여 초저가격의 프린팅 공정을 통해서 다양한 전자소자를 제작하는 기술로써, 차세대 ICT 기기의 제작에 적합한 전자제품을 생산하는데 적합한 공정기술이다.

기존의 반도체 공정인 노광(photo lithography)기술을 대체할 수 있는 기술로써 산업용 인쇄기기를 이용하여 기능성 재료(잉크)를 원하는 위치에 패터닝 및 형상화하여 전자소자를 제작하고 있다.

인쇄전자산업은 2020년 400억 달러 규모에 도달한 거대 시장이며, 차세대 태양광과 디스플레이 등에 활용이 가능하여 향후 빠른 성장이 예상되며, 디스플레이, 전자, 태양광, OLED 등 국내 유망산업과 밀접한 관련과 잠재성을 갖고 있어 기술의 적용 범위가 차세대 조명, 디스플레이, 태양광기판 등 많은 산업 분야를 포괄하고 있어 적용 과정에서 여러 공학 분야와 산업의 협업이 필수적이다.

인쇄전자 관련 산업은 다음과 같은 특징을 지니고 있다. 인쇄 전자산업은 잉크 및 기판 재료 기술, 인쇄 기술이 융합된 특성을 갖고 있기 때문에 대부분의 기업들이 단독으로 사업을 전개하기 보다는 협력과 경쟁이 공존하고 있는 실정이며 인쇄전자 산업 전체의 2020년 시장 규모는 400억 달러 이상이었으며 2027년까지 반도체 산업의 규모보다 큰 3,000억 달러 시장을 형성할 전망이다. 또한 인쇄전자 관련 산업의 연평균 성장률은 39%로 고성장이 전망된다.

국내 인쇄전자 산업은 2025년 기준으로 매출 77조원, 수출 450억 달러, 고용창출 6.4만 명, 투자 유발 효과 17.4조원의 성과를 낼 것으로 전망되며, 현재 수익모델로 연결하는 시도가 진행되고 있는 단계이다. 향후 높은 부가가치 창출 기대되므로, 새로운 관심이 필요한 시점이라 판단한다.

인쇄공정 기술은 저온에서 공정이 가능하기 때문에 높은 기능성과 다양한 응용성을 지닌 잉크소재(절연체/반도체/도체)들의 개발이 활발히 이루어지고 있다. 이를 통해 유연한 플라스틱 기판에 전자소자를 제작하는 플렉서블 전자소자, 유연전자소자 기술과 연관되어 필름과 같은 유연한 재료를 활용한 Roll to roll 방식의 적용이 확대되고 있다.

또한 대면적 및 고속 대량생산에 적합하기 때문에 생산비용 절감 및 공정 과정의 단순화를 통해 생산성 증가와 노광공정에서 낭비되는 재료비용의 절감을 통한 원가절감으로 제품의 경쟁력 확보가 가능해지기 때문에 초저가 친환경 미래의 전자소자 생산 기술 잉크젯 및 Roll to Roll 기술을 이용하여 RFID, 디스플레이, 센서, 배터리, 태양전지, 유기 트랜지스터, 메모리, 스마트카드, 조명 기기 제조 등의 다양한 분야에 활용될 것으로 전망된다.

국내에서도 관련 기술을 디스플레이, 에너지, IT, 식품포장용 필름 등 다방면에 적용하면서 수익모델로의 연결 시도가 진행되고 있는 상황이므로, 향후 높은 부가가치를 창출할 가능성이 높아지고 있고, 인쇄전자기술에 대한 수요는 플렉시블 디스플레이 시장의 확대에 따라 꾸준히 성장할 것으로 예상되며, 배터리, 태양광발전 등 다른 유망 산업들 또한 인쇄전자기술을 활용하고 있어 전망이 밝다.

2. 전망

 산업통상부 자료에 의하면, 글로벌 인쇄전자 시장 규모는 2013년 28억 달러 수준에 불과하지만 2017년에는 100억 달러, 2020년에는 331억 달러로 성장 할 것으로 예상 되었다. 주요 분야 별 시장 규모에서는 인쇄전자 소자 시장은 2013년 19억 달러 수준에서 2020년에는 261억 달러 규모로 14배 이상 성장하고, 장비, 소재 분야도 성장 할 것으로 전망된다.

 웨어러블과 저비용 센서, IoT 어플리케이션 등 기존 전자 제품으로는 적용할 수 있는 제품 시장이 급격히 성장함에 따라, 전자 시장은 새로운 국면에 접어들고 있다.

 특히 인쇄술에 정보통신기술(ICT)과 나노기술(NT)을 접목해 전자회로 · 소자 · 디스플레이 따위를 만드는 일이 프로토타입 생산에서 단순 양산 단계를 거쳐 이제는 수요와 물량에 따라 만들어지는 맞춤형 생산단계까지 바라볼 단계에 도달했다는 것이 전문가들의 전망이다.

 이에 따라 맞춤형 생산단계의 조속한 도입을 위해 관련 산업을 육성할 필요성이 대두되고 있다.

 먼저 이를 가능케 하는 핵심 요소로 유연성을 가진 전자 제품을 꼽고 있다. 지난 10여 년 동안 유연성을 가진 인쇄전자는 '터치 디스플레이, RFID 안테나, 포도당 테스트 스트립, 멤브레인 키보드' 분야에서 저비용 제조 방식으로 간주돼 왔다.

 전자 제품에도 하이브리드 시스템이 적용되어 향후, 얇은 칩으로 구성된 다층회로기판 (MULTILAYER PRINTED CIRCUIT BOARD)을 통해 유연하고, 부드럽고, 심지어는 신축성이 있는 전자제품을 만들어 내는 플렉시블 하이브리드 전자(FHE, Flexible Hybrid Electronics) 시스템이 구축될 것으로 전망되고 있다.

 소재 개발에는 늘 제작비 문제가 함께 따라온다. 은과 같이 비용이 많이 드는 원소에 대한 대안을 제공하고 함께 잘 작동하는 새로운 재료가 개발이 필요한 상태다. 인

쇄된 구리가 하나의 예지만, 다른 재료에 기초한 창의적인 해결책도 마련돼야 한다.

잉크 기술은 인쇄전자라는 새로운 산업 분야의 발전과 함께 한다. 인쇄전자 산업은 2017년 28.3억 달러의 시장규모를, 2020년 약 32.2억 달러의 시장규모를 형성했고 따라서 이와 밀접한 관련이 있는 잉크 시장도 비약적으로 성장할 것으로 예측되며, 특히 전도성 잉크 시장은 무기잉크인 Ag 중심의 시장으로만 형성되어 있어 관련 기술이 성숙될 것으로 전망되는 2020년 이후의 성장세는 더욱더 높아질 것으로 예상된다.

표 6. 인쇄전자 시장 시장규모 현황 및 전망

(단위: 억 달러)

		2013	2015	2017	2020	2023	2030	CAGR(%)
Logic/Memory		0.0	0.1	0.2	0.7	1.4	400	73.8
Display	LCD 등	2.0	2.0	2.1	2.6	3.2	200	31.1
	OLED	0.0	0.0	0.5	2.5	23.4	1,150	81.4
OLED 조명		0.0	0.0	0.0	0.1	1.4	250	118.7
배터리		0.0	0.0	0.1	0.3	0.8	50	61.2
태양광		0.7	1.5	2.2	3.8	5.8	620	49.1
센 서		1.6	3.2	6.1	9.1	11.5	600	41.7
잉 크		26.6	27.2	28.3	32.2	33.0	40	2.4
기 타		1.6	2.2	2.7	2.8	3.1	230	33.9
종 합		32.5	36.2	42.2	54.1	83.6	3,000	

주 : CAGR은 각 분야별 시장이 형성되기 시작한 시점부터 2030년까지 예상치를 적용한 결과임

<인쇄전자 산업의 현황 요약>

1) 대부분의 기업들이 단독으로 사업을 전개하기 보다는 협력과 경쟁이 공존하고 있는 실정

2) 잉크 및 기판 재료 기술, 인쇄 기술이 융합된 특성을 가지기 때문

3) 플렉시블 하이브리드 전자(FHE, Flexible Hybrid Electronics) 시스템이 구축될 것으로 전망

4) IDTechEx, 2027년까지 반도체 산업의 규모보다 큰 3,000억 달러 시장을 형성할 전망

5) Yole Developpment, 2020년 이후 10억 달러 이상의 시장규모 전망

6) 화학과 전자 및 IT 기술이 인쇄전자에서 융합·발전하고 있음

VI.인쇄전자 기업 현황

Ⅵ. 인쇄전자 기업 현황[12]

1. 세계 현황

인쇄전자 산업에는 전 세계 약 3,000개 이상의 기관이 참여 중이다. 재료/기판과 전력(Photovoltaic, Battery) 분야에 60%(2020년) 정도의 시장비중이 형성될 것이다. 실제로는 잉크생산기업이 여러 응용 분야에 중복 참여하는 경우가 많다.

1) 핵심 기술 분야

잉크재료의 대부분은 은(silver)잉크와 고분자잉크로, 은 잉크시장이 좀 더 성숙되어 있다. 이는 RFID안테나 혹은 디스플레이 백플레인의 초기상품화에 적용되고 있기 때문이다. 대표적인 실버잉크회사는 캐봇이고, 그 외에 어드밴스드 나노프로덕트, 시마나노테크, 아체슨, 크리에이티브 메터리얼스, 다우코닝, 듀폰, 메텍, 하리마케미컬, 파라렉, 프레시시아, 엑스잉크, 미쓰비시, 페로 등이 있다.

고분자잉크분야는 합성화학 분야의 발전과 더불어 성능이 대폭 향상될 것으로 기대된다. 프린팅 전자소자 분야의 대표적인 유기물잉크 공급업체로는 머크, 듀폰, H.C스탁, 플렉스트로닉스, BASF, 다우코닝, 사토머, 선케미컬, 스미토모, T-ink, 제록스 등이다. 그러나 은 잉크 분야의 캐봇처럼 시장을 지배하고 있는 유기 잉크회사는 아직 등장하지 않고 있는데, 시장이 성숙되어 있지 않다는 반증으로도 보고 있다.

한편 플라스틱기판소재로 적용이 검토되고 있는 PES, Colorless PI, PC, PEN, COC는 일본기업의 경쟁력이 높은 편이다. PEN은 DuPont Teijin Film이, PC는 Teijin, Colorless PI는 Mitsubishi Gas가 공급을 하고 있으며, PES는 Sumitomo Bakelite사가 수지의 원료 생산에서부터 투명전극 코팅까지 일괄 생산체계를 구축하고 있다. 국내의 경우, 코오롱, LG화학, 제일모직 등 기존 대기업을 중심으로 사업성 검토를 하고 있거나 실험실수준의 R&D 연구수준이다.

---

12) 박정용·박재수, 인쇄전자 산업시장의 현황과 전망, 한국정보통신학회지, 2013

인쇄전자 공정기술 분야는 현재 여러 프린팅 기술을 활용해 소자를 제작하는 연구들이 진행되고 있다. Ink-jet분야는 Xerox, HP, Seiko Epson, JSR, SIJTechnology 등 다수의 업체가 진입하고 있으며, 정밀도 향상을 위한 연구에 초점을 맞추고 있다. Gravure분야는 DNP, Toppan Printing 등 일본 업체들이 두각을 나타내고 있다. 국내에서는 한국기계연구원이 최하 7μm 수준의 미세한 선을 연속적으로 대량 인쇄 할 수 있는 '그라비아-옵셋 인쇄공정 기술'을 개발하였다. 나래 나노텍이 옵셋 기법을 이용하여 TFT-LCD mask를 인쇄하는 등 관련기술개발을 발전시키고 있다.

2) 주요 응용 분야

Display중 LCD분야의 삼성전자와 LG디스플레이 등은 액정배향막, 컬러필터 등에 인쇄기법을 도입했으며, 용액형 반도체 기반 TFT형성을 연구 중이다. 아시아에서는 소니, 도시바, 미쓰비시, 마츠시타, 캐논, 리코, 아사히, 카세이, 파이오니아, 삼성, 스미토모 등의 회사들이 있다.

Logic/Memory 분야 중 PolyIC가 2007년에 유기기반 64bits RFID 태그 개발에 성공하였다. 다만 성능 등의 이유로 아직 본격적인 상용화는 하지 않고 있다.

플라스틱 필름 위에 프린팅 TFTC(Thin Film Transister Circuit)을 구현하는 기술은 코비오, 소니, 마츠시타, 캐논, 토판 프린팅, 다이니폰 프린팅, 필립스, 플라스틱 로직, 엡손, 제록스, IBM, 폴리IC, organik.id,, 3M 등이 대표적인 회사이다.

태양전지분야는 미국의 Konarka가 2004년 고분자 OPV전지로 당시 최고의 기술(3~5%)을 가진 Siemens의 Brabec 팀을 인수하여, OPV 전지분야로 그 포트폴리오를 넓혀갔다. 유기 폴리머 태양전지를 R2R공정을 포함한 다양한 프린팅 기법을 사용하여 플라스틱시트에 코팅하여 만들고 있으며 2008년에는 잉크젯인쇄를 이용하여 매우 낮은 비용으로 제조할 수 있는 유기 태양전지를 시연한 바 있다. 핀란드의 VTT는 프린팅기법을 이용하여 4.6%의 효율을 나타내는 고분자 태양전지를 제작하고 있다.

인쇄전자 주요응용분야의 상황은 다음과 같다.

표 8. 인쇄전자 관련 주요 기업(세계)

응용	세부분야	주요기업/기관
로직/메모리	RFID태그 (유기/무기)	PolyIC(독일), OrganicID(미국), Kovio(미국), 파루, ETRI(한국) 등
	메모리	Thin Film Electronice(노르웨이), AMD(미국)
디스플레이	LCD	LGD, 삼성전자, Sharp/Sony 등
	백플레인 (구동부)	DNP(일본), PolymerVision(네덜란드), PlasticLogic(영국), HP 등
태양 전지	유기	Konarka, NanoSolar(미국), VTT(네덜란드), DNP 등
	무기	NREL(미국), 대양금속(한국) 등
전자 기판	PET,PEN,PE 등	DuPont Teijin Films, 3M, DowCorning 등
잉크	도전성 무기(은)	Cabot, Advanced Nanotech(미국), Ciba(스위스) 등
	도전성 유기	DuPont, Merck, 신일철 화학 등
인쇄 기술	잉크젯	Xerox, HP, Seiko Epson 등
	그라비아	DNP, Toppan(일본) 등
기타		3M, 쇼와 전공, Dai Nippon Printing, NEDO, Litrex, Microfab, Optomec, nScrypt, Dimatix, Cabot 등

2. 국내 기업 현황

우리나라는 현재 GIST, 한국화학연구원 등에서 세계 최고 수준의 OPV 제작기술을 보유하고 있으며 Cell 구조의 변화, 새로운 층의 도입을 통해 효율향상에 관한 연구를 진행 중이다. 부산대를 포함하여 서울대, KAIST, 포항공대, 전북대 등의 대학으로 OPV에 대한연구가 확대되고 있으며, 최근 몇 년 사이에 그 효율과 기술적 가능성이 향상되면서 관련분야 기업의 참여가 기대된다. 이 외에 사이니지, 배터리, 센서 등의 응용분야에서도 삼성전자, AT&T, NTT 등이 참여하고 있다.

표 9. 인쇄전자 관련 주요 기업(국내)

산업	기업 이름	산업내용
전자잉크	잉크테크	국내 유일의 전자잉크 및 응용제품(RFID, 필름) 생산업체. 지식경제부가 선정한 전자잉크 플렉서블 디스플레이 및 인쇄전자 산업발전 주도업체
	엔피케이	전자잉크 개발 및 상용화 계획
FPCB/PCB	하이셈	인쇄전자 방식의 FPCB 제품생산 예정
RFID	이그잭스	인쇄전자 방식으로 RFID 생산
	빅텍	국세청, 주류 관련 RFID태그 생산
	파루	
인쇄전자 프린팅 장비	팸스	인쇄전자용 Roll to Roll 장비개발 업체들. 현재 국가 연구기관과 함께 연구개발을 진행하고 있음. 향후 연속 인쇄공정 장비를 개발할 경우 국내 업체들이 인쇄전자 산업을 주도할 수 있을 전망
	유니젯	
	디씨엔	
	한국기계연구원	

국내 나노 Ag 잉크 **중소 개발업체**로는 **잉크테크를 필두로, NPK, 이그잭스, SSCP, 석경AT, 나노CMS, 파루** 등의 기업이 시장을 이끌었으며, **대기업**으로는 **삼성전기, 삼성종합기술원, LG화학, LS전선** 등이 시장 군을 형성했다. 이후 몇몇 기업들은 잉크 개발을 중단하기도 하고, 신생 기업들이 또다시 나타나는 형태로 산업이 지속되어 오고 있는 실정이다.[13]

표 10. 인쇄전자 산업 주요 기업

국가	기업명	인쇄기술	세부기술	주요특성	응용분야
한국	잉크테크	All	Complex type	Transparent	Metal mesh, Bezel
	나노신소재	All	Ag paste	Hybrid	NFC
	파루FE	Gravure	Aqua base ink	-	RFID Tag
	이그잭스	Rotary screen	-	-	RFID Tag, NFC
	삼성전기	Ink-jet	Cu ink	-	PCB, Stack VIA
	LG화학	Ink-jet	Ag2O	Transparent	EMI filter for PDP
	아모그린텍	Screen, EHD	Ag2O	-	EMI Mesh

---

13) 자료: 유진투자증권 보고서

1) 나노 신소재

(1) 기업개요

나노신소재는 디스플레이, 반도체, 태양전지 등의 소재 제조업을 목적으로 하며, 2000년 3월 15일 설립되었다. 주요제품으로는 디스플레이 소재, 반도체 소재, 태양전지 소재, 기타 등이 있다. 나노 신소재는 현재, 기존의 평면타깃에 비해 사용률이 우수하고, 노즐 발생을 낮출 수 있는 원통형타깃을 태양전지분야에 공급하기 시작하였으며, 투명전도성 원통형 타깃을 디스플레이 산업까지 확대하기 위해 노력 중에 있다.[14] 나노신소재의 제품 구성에 관한 자세한 사항을 다음과 같은 표로 정리하였다.

표 11 나노신소재 제품 구성

분야	영역	소재
디스플레이분야	스퍼터링 타겟 소재, E-beam&Ion Plating소재, 고굴절 소재	ITO, IGZO외 스퍼터링 Target, ITO Tablet, ZrO2 & TiO2
태양전지분야	박막태양전지, 실리콘태양전지, 염료 감응형 태양전지	ITO, ZnO외 스퍼터링 Target, Silver Paste, TiO2
반도체분야	연마용 CMP Slurry	CeO2 Slurry
기능성 소재 분야	열 차단 필름, TCO 소재, LED방열용	TRB Paste, ATO&ITO, Silver Paste
인쇄전자 분야	스크린 인쇄, 옵셋 인쇄, 잉크젯 인쇄	Silver Paste, Silver Paste(Offset), Silverjet Ink

---

14) 나노신소재/에프앤가이드

표 12. 나노 신소재의 인쇄전자 기술

● 나노신소재의 인쇄전자 기술 (SILVER)

나노신소재의 인쇄전자 소재는 나노기술을 기반으로 합성기술과 분산기술을 적용한 전동성이 있는 기능성 소재로 다양한 인쇄기법을 이용하는 제품에 적용되고 있다. 15년 터치패널분야에서 은나노잉크 상용화에 성공하며 미국 주요 모바일 고객사의 플래그쉽 모델향 3D 터치용으로 공급되기 시작했다. 이 효과로 15년 인쇄전자 사업부의 실적은 매출액 90억 원 (전년대비 800퍼센트 성장)을 기록하며 폭발적인 성장을 기록하였다.[15]

나노신소재는 2019년 7월 복합 산화물 소결체 및 스퍼터링 타겟, 산화물 투명도전막의 제조방법에 대해 특허권을 획득하였고 2019년 말 중국 자회사인 'ANP Enertech Suzhou'에 17억6670만원을 출자하기로 결정했으며 나노소재 제조 및 판매를 위한 중국현지법인을 설립했다.

인쇄전자 시장은 향후 인쇄공정으로 구현될 수 있는 제품의 범위가 광범위하기 때문에 향후 신규 제품 개발을 통한 성장 가시성이 가장 높을 것으로 예상된다. 현재 나노신소재는 FPCB, NFC, TSP향으로 적용되는 인쇄전자 재료를 개발 중에 있다.

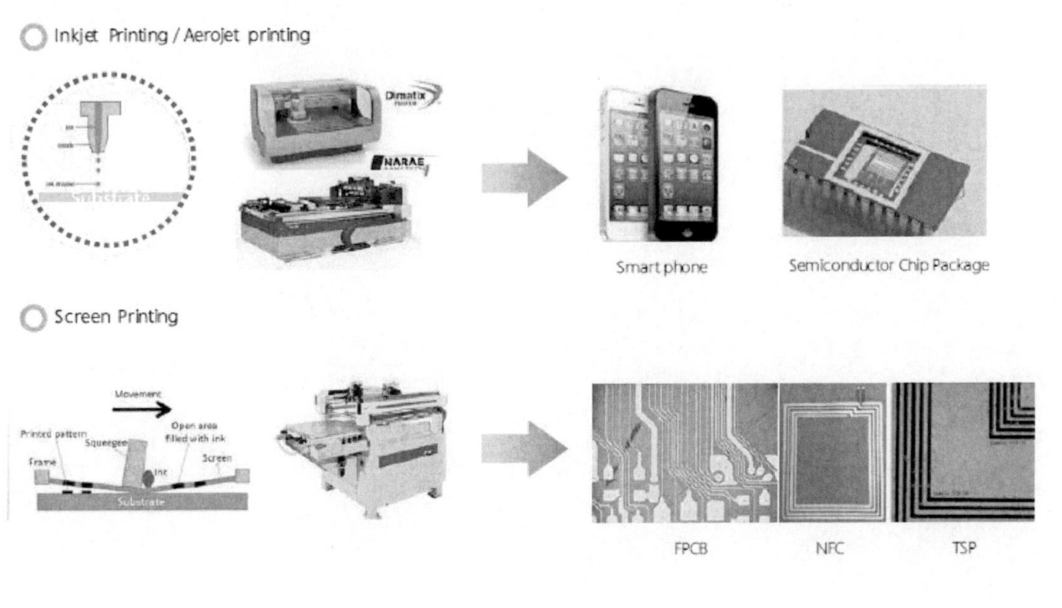

(2) 기업실적

나노신소재의 연간 기업실적과 재무 정보는 다음과 같다.

표 13 나노신소재 연간 기업실적(단위:억원)

구분	2017.12	2018.12	2019.12	2020.06
매출액	456	522	636	489
영업이익	85	88	116	51
당기순이익	68	77	100	58
자산총계	890	985	1,035	1,019
부채총계	60	96	65	81
자본총계	829	889	969	938

그림 15 나노신소재 주가 추이(2020.8-11월)

---

15) 자료: 하나금융투자 보고서

（3）**최근이슈**

㈜나노신소재가 중소벤처기업부가 선정한 '소재·부품·장비 강소기업 100' 프로젝트에 이름을 올렸다. 소·부·장 강소기업 100은 중기부가 지난해부터 국내 소재·부품·장비 분야 유망 중소기업 100곳을 선정해 집중 육성하는 사업이다.

세종시와 세종 테크노파크는 지난 6월부터 전담기관인 기술보증기금과 협약을 맺고, 세종지역 중소벤처기업 성장지원과 경쟁력 강화 등을 위해 체계적인 지원을 전개해왔고 그 결과 이번에 2개 기업이 소·부·장 강소기업에 최종 선정되는 쾌거를 달성했다.

 나노신소재는 2020년에는 세종 미래 산업 단지로의 확장을 진행하였고 IATF 16949의 인증도 획득했다.

16)

---

16) 나노신소재, 동양AK코리아·나노신소재 '강소기업 100'선정, 김공배

2) 잉크 테크

(1) 기업개요

잉크테크는 '오늘 우리가 이룩한 첨단 기술이 내일도 첨단일 수는 없다.'는 모토로 1992년 설립 되어 2002년 코스닥시장에 상장하였다. 설립 초기 Desk-Top 프린터용 잉크 생산을 시초로 지속적인 연구개발과 사업다각화를 통하여 산업용 실사잉크 시장까지 사업범위를 확장하였고, UV 프린터 장비사업까지 진출하여 잉크젯 분야의 세계적인 선도 기업으로 자리매김하였다.

또한 잉크테크의 원천기술인 잉크젯 활용기술과 정밀화학 분야의 오랜 노하우를 바탕으로 2005년 Touch Screen Panel, Display, EMI Shielding, Printed Memory, Lighting 등 그 적용 범위가 무한한 첨단 나노기술의 은소재 투명전자잉크를 개발한 바 있다.

현재는 핵심 나노기술을 기반으로 잉크생산, 이미지프린팅사업과 투명전자잉크를 기반으로 하는 인쇄전자사업, 프린팅시스템 사업 등을 영위하고 있으며, InkTec Europe Ltd.를 연결대상 종속법인으로 보유하고 있다.[17] 잉크젯 활용기술을 바탕으로 프린팅 분야의 제품공급 및 컨설팅 서비스를 제공하고 있으며 이러한 원천기술을 바탕으로 인쇄방식의 다양한 IT 부품·소재 및 솔루션을 고객의 요구에 맞춰 개발, 공급하고 있다.

잉크테크의 사업 내용을 살펴보면, 잉크사업에서는 UV잉크젯경화프린터, 인쇄전자용 잉크를 개발함으로써 사업의 다각화를 이루고 있다. 지난 2010년부터 터치스크린 패널 세계 1위 업체인 Thinfirm를 비롯해 여러 업체에 터치스크린 패널용 전자 잉크를 공급 중인 것으로 알려졌다. 또한, 2018년도에는 산업통상자원부로부터 수출도약 중견기업 육성 기업으로 선정되기도 했다. 현재 영국법인을 운영하고 있으며, 해외 80여 개 국 200개 Distributor와 거래를 하고 있다.

잉크테크는 핵심기술인 나노기술을 기반으로 하여 잉크의 Color를 구현하는 사무용, 산업용 잉크와 잉크에 전도성을 부여한 투명전자잉크를 기반으로 하는 인쇄전자 사업과 오랜 잉크젯 노하우를 바탕으로 하여 개발한 잉크젯 장비사업으로 구성되어 있다. 주 제품은 벌크잉크, 산업용잉크이다. 자체 개발된 TEC 잉크를 기반으로 인쇄공법

---

17) 잉크테크/에프앤가이드

및 적용제품별 특성화 된 다양한 소재를 생산 및 공급하고 있으며 수십 년간 축적된 기술력을 통해 자유로운 점도 조절과 사용고객 목적에 부합하는 최적화 대응이 가능하다. 현재 잉크 테크에서 생산 및 공급되는 재료는 TEC 잉크 기반의 Ag Cluster Complex, 나노 분산, Nano 및 Flake를 이용한 페이스트 및 무입자(Ag complex)와 입자(Nano/Flake)를 이용한 Hybride 형태로 잉크젯, 스크린, 스프레이 및 Roll to Roll(그라비아, 플렉소, 그라비아 옵셋 등) 기반의 다양한 인쇄공정에 적용되고 있고, 적용분야 또한 일반전극용 외에 기능성(광학/광택) 용도로 사용되고 있다.[18]

제품군	공정방식	재료형태	주요 구성물	적 용
PA series	평판 스크린, 임프린팅,EHD, 패드, 그라비아옵셋	Conductive paste (고점도)	Ag powder	TSP Bezel, Health care, Sensor, Display, Smart Label, Wearable, Membrane등
LT series	평판 스크린 후 노광현상 (Photolitho graphic)	Conductive paste (고점도)	Ag powder	수동소자 (인덕터, LTCC 등) 감광성 내부전극
LD series	평판 스크린 후 노광현상 (Photolitho graphic)	Dielectric, Insulation paste (고점도)	Ceramic powder	수동소자 (인덕터, LTCC 등) 감광성 내부전극
DP series	디핑 (Dipping)	Conductive paste (고점도)	Ag nanopowder	수동소자 (인덕터, MLCC 등)경화형 외부전극
Co series	코팅(스프레이/ Spray/ Spin 등)	Ink (저점도)	Silver ion complex (무입자)	Mirror effect (전도성)
IJ series	잉크젯 (Aerosol, Electrostatic 등)	Ink (저점도)	Silver ion complex (무입자)	General Electrode by Inkjet Printing
PR series	그라비아, 플렉소, 슬롯다이,	Ink (저점도)	Ag nanopowder	일반전극 및 코팅
EMI series	디스펜싱노즐	Ink (저점도)	Ag nanopowder Silver ion complex	Semiconductor용 EMI 차폐

표 14 인쇄방식별 생산 제품

2020년 현재, 잉크테크는 국내 양산업체를 통해 갤럭시 워치 디스플레이와 모토로라의 차세대 1억8000만 화소 카메라 모듈 제품에 적용되는 차폐필름 공급을 승인받은 것으로 확인됐다. 이에 따라 모바일 제품용 기능성 전자소재인 차폐필름을 2분기부터 양산에 돌입할 예정이다. 잉크테크의 차폐필름은 크게 카메라 모듈과 디스플레이 모듈, 자동차 전장부분에 적용되고 있어 자동차 전장 사업에서도 새로운 기회를 맞고 있다. 전장용 차폐의 경우 다양한 제품이 필수적으로 들어가기 때문에 향후 꾸준한 성장이 전망된다.

---

18) 자료: 잉크테크

잉크테크는 지난해 4월 H사로부터 최종 양산 승인을 받고 납품을 시작한 이후 지속적으로 적용 품목이 확대되고 있다. 잉크테크는 실질적인 일본산 소재 국산화 수혜업체로 올해 전자파간섭 차폐필름 소재 국산화에 성공해 스마트폰 부품 및 전장용으로 적용 대상을 확대하고 있다. 잉크 테크는 매출의 큰 부분을 차지하는 인쇄 전자 부문의 끊임없는 성장이 예상되며, 또한 고정적인 공급처 역시 가지고 있어 기업의 외형적, 질적 성장이 전망된다.

(2) 기업실적

잉크테크의 연간 기업실적 및 재무 정보는 다음과 같다.

표 14 잉크테크 연간 기업실적(단위:억원)

구분	2017.12	2018.12	2019.12
매출액	576	553	591
영업이익	-69	-9	-13
당기순이익	220	-42	-28
자산총계	1,096	1,095	1,081
부채총계	662	701	722
자본총계	434	394	360

그림 17 잉크테크 주가 추이(2020.8-11월)

(3) 최근이슈

잉크젯프린터처럼 디지털 방식으로 '럭셔리비닐타일(LVT)'을 생산하는 장비가 국내에서 처음 개발돼 양산된다. 기존 장비에 비해 동판(銅板·roll)을 교체할 필요가 없어 원단 손실이 없는 게 특징이다. 또 소비자의 기호에 맞는 다품종 소량생산이 가능해 수요대응이 빠르다는 장점도 있다.

전자소재 기업 잉크테크(대표 정광춘·양종상)는 디지털 방식의 '잉크젯 LVT' 전용장비와 전용잉크 개발을 완료하고, 국내 대기업 공급을 시작했다. 이 잉크젯 LVT 양산장비는 잉크와 함께 공급돼 LVT 생산방식을 바꿀 것으로 기대되고 있다.

기존 LVT 인쇄는 그라비어(gravure) 방식으로 이뤄졌다. 패턴이나 이미지를 바꿀 때마다 동판을 교체해야 해 일정한 색상의 인쇄와 소비자의 요구에 맞는 다품종 소량생산은 불가능했다. 인쇄방식의 특성상 원단의 손실도 불가피하며, 사용되는 유성 그라비아 잉크는 휘발성 유기화합물(VOCs)로 유기용제가 포함돼 있어 유해화학물질로 분류된다.

잉크젯 LVT는 디지털 방식으로 일정한 고품질의 인쇄구현이 가능하다. 이에 따라 소비자의 기호에 맞는 다품종 소량생산이 가능하며, 출력 시 원단 손실이 거의 없다.

또 동판이 불필요해 생산원가도 크게 낮춰준다고 회사 측은 전했다.

잉크테크 관계자는 "소비자가 원하는 대로 다양한 소재와 질감을 고해상도 인쇄필름으로 100% 구현 가능하다. 마루재 대비 가격도 저렴해 바닥재 시장의 판도를 흔들 것으로 기대된다."고 말했다.

3) 동진쎄미켐

(1) 기업개요

동진쎄미켐은 1967년 설립되어 PVC 및 고무발포제를 국내 최초로 개발, 국산화하면서 성장의 토대를 마련하였고, 1973년부터는 발포제 수출업체가 되었다. 1992년에는 인도네시아에 해외 생산공장을 설립하고, 1995년에는 시화공장을 증설하는 등 발포제 부문에서 세계 1위 업체로 부상하였으며, UNICELL이라는 브랜드로 세계 각국에 수출하고 있다.

발포제 분야에서 쌓아왔던 명성과 기술력으로 1980년대 초반 선구적으로 반도체 및 디스플레이 재료 산업분야에 투자하여 성공적인 결실을 거두고 있으며 1983년 EMC 사업을 필두로 반도체 재료 분야에도 적극 진출하여 수많은 반도체 회로의 미세한 패턴을 형성하기 위해 실리콘 결정체인 웨이퍼 위에 도포하는 반도체용 감광액(Photoresist)을 1989년 세계에서 미국, 독일, 일본에 이어 4번째로 자체 개발하는데 성공했다. 1995년 발안공장을 준공함으로써 수입에만 의존하던 반도체 및 디스플레이 전자재료의 국산화를 선도하는 한편, 1999년에 대만에 현지법인을 설립하여 세계시장 공략을 구체화했습니다. 2000년에는 발안공장 2단지 완공, 대만공장(1999), 북경공장(2004), 치동공장(2006), 성도공장(2009), 합비공장(2010), 서안공장(2012), 얼도스공장(2013), 중경공장(2014), 혜주공장(2015), 복주공장(2016), 사천공장(2017), 닝샤공장(2018), 무한공장(2018)을 차례로 설립하여 세계시장을 선도할 준비를 마쳤다.

동진쎄미켐의 주력 제품은 반도체 및 디스플레이용 포토레지스트와 신너 스트리퍼(박리액), 에천트 등의 전자재료다. 주요 고객사는 삼성전자, 삼성디스플레이, LG디스플레이 등이며 반도체 및 TFT-LCD 의 노광공정에 사용되는 Photoresist 관련 전자

재료사업과 산업용 기초소재인 발포제사업을 주로 영위하고 있다. 디스플레이 소재의 주요 매출처는 엘지디스플레이와 삼성디스플레이 등 몇 개의 회사로 한정되는 국내시장의 특수성 하에서 경쟁력을 확보하고 있으며, 원재료 공급처별로 대량수입에 따른 할인으로 원자재 가격을 유지하고 있다.[19]

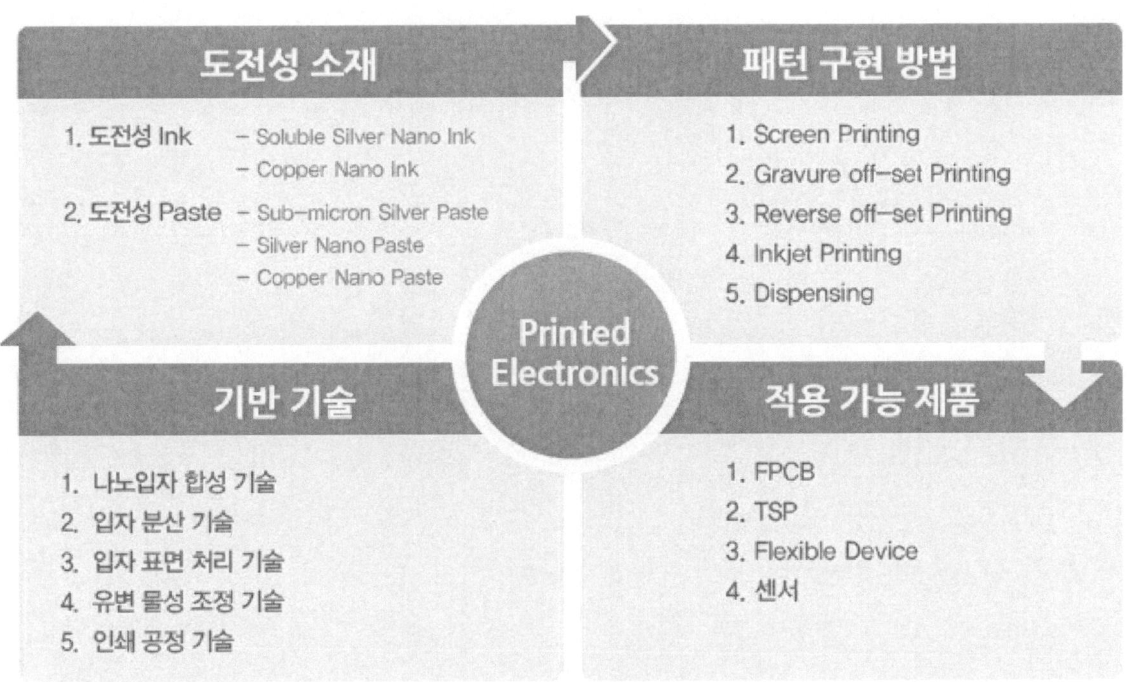

그림 18 도전성 나노 잉크 소재

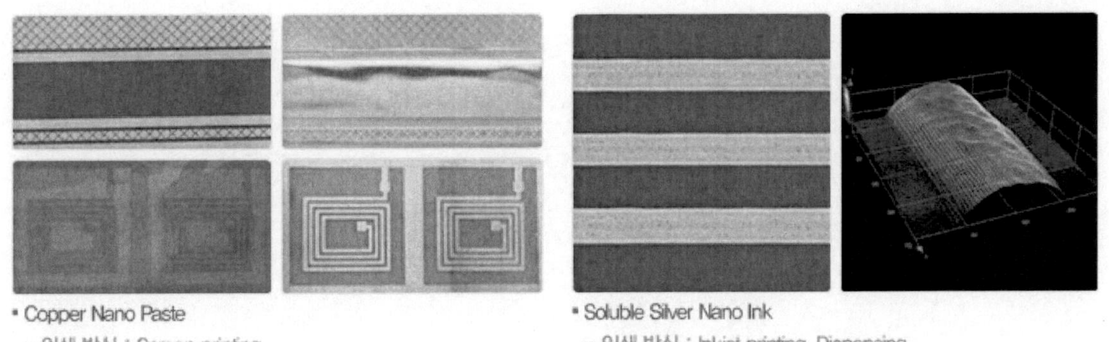

그림 19 주요 제품 및 적용 사진

---

19) 동진쎄미켐/에프앤가이드

최근에는 전자재료 분야에서 쌓아온 기술력을 바탕으로 차세대 신재생에너지인 연료전지, 이차전지 분야에 집중 투자, 개발하고 있습니다. 고성능 연료전지를 구현하기 위한 촉매 기술, 전해질 기술 및 전극 제작 기술을 바탕으로 고출력, 고내구성 MEA 제조 기술을 확보하였으며 이차전지 관련 독자적 바인더 용해 기술과 최적화된 고밀도 도전재 분산 기술을 응용한 고출력, 고용량 도전재 슬러리를 제품화하였고 차세대 재료인 CNT 도전재, 실리콘 음극재 개발에 힘쓰고 있는 실정이다.

동진쎄미켐은 신 성장 동력이 되는 고부가가치 사업구조를 구축하고 기존의 발포제와 전자재료 위주의 사업구조에서 벗어나고자 염료 감응형 태양전지 등 핵심 연구 분야를 선정하여 핵심 연구 인력을 배치로 연구개발 성과를 높이며 지속적인 사업화에 돌입하고 있다.[20] 또한, 태양광 관련 재료사업 역시도 본격화된다. 디스플레이 경기호전에 따른 수요 성장으로 재료매출의 안정적인 성장으로, 미국에서 유기 반사방지막 형성용 유기 중합체 관련 미국 특허를 취득하여, 시장경쟁력 강화가 예상된다.

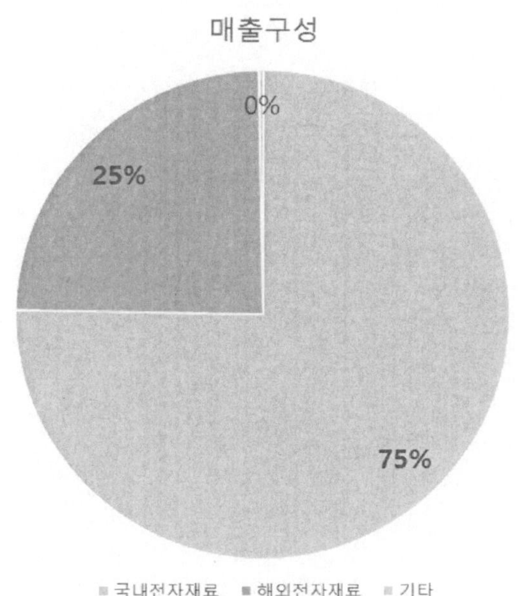

그림 20 동진쎄미캠의 매출 구성

---

20) 자료: 동진쎄미켐

(2) 기업실적

동진쎄미켐의 연간 기업실적 및 재무정보는 다음과 같다.

표 15 동진쎄미켐 연간 기업실적(단위:억원)

구분	2017.12	2018.12	2019.12
매출액	7,852	8,272	8,753
영업이익	719	710	1,049
당기순이익	450	480	587
자산총계	6,672	7,605	8,407
부채총계	3,996	4,546	4,803
자본총계	2,676	3,059	3,603

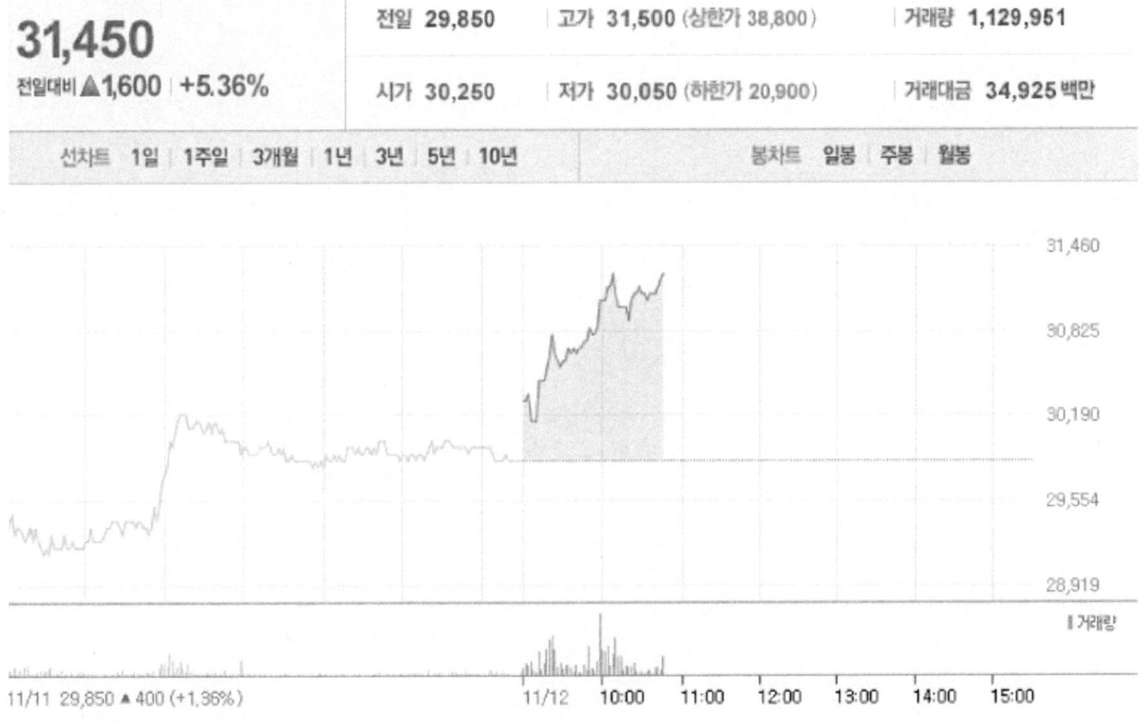

그림 21 동진쎄미켐 주가정보(2020.11)

(3) 최근이슈

2020년 동진쎄미켐이 반도체 국산화 성과로 올해 사상 최대 실적을 기록할 전망이다. SK증권에 따르면 동진쎄미켐은 올해 연간 실적으로 매출 9천125억원, 영업이익 1천250억원을 기록할 것으로 전망된다. 이는 매출은 전년 대비 3.42%, 영업이익은 24.01% 증가한 수치다.

동진쎄미켐은 반도체 노광공정에 사용되는 포토레지스트(PR)를 국산화한 데 이어 올해 주요 대기업에 공급을 확대하면서 수익성이 크게 늘어날 것으로 보이는데 이는 포토레지스트가 지난해 일본 정부가 수출규제 조치(불화수소, 포토레지스트, 플루오린 폴리이미드)에 나선 지 1년이 지났지만, 여전히 대일 의존도가 90% 수준에 달하는 품목이기 때문이다.

고순도 불화수소와 달리 포토레지스트는 현재 국내에서 동진쎄미켐 만 생산이 가능하므로 동진쎄미켐이 3D 낸드 공정에 많이 사용되는 불화크립톤 포토레지스트(KrF PR) 주력 공급업체로 자리를 잡고 있다. 불화아르곤 포토레지스트(ArF PR)도 일부 공급, 최근에는 삼성EUV용 PR 3위 공급사로 선정되기도 했다.

동진쎄미켐 입장에서는 장기 성장 동력을 확보한 것이며 향후에도 우호적인 환율과 반도체 시황 개선에 따라 유사하게 이어나갈 것으로 전망된다.

4) 엔피케이

(1) 기업개요

엔피케이는 1987년 설립되었으며 제원테크와 코스텍을 지배하는 모회사로, Compound 가공과 각종 기능성 Color Master Batch 제조 및 판매회사다. 동사와 종속회사의 사업부문은 컴파운드 및 마스타베치를 생산하는 합성수지사업부문과 자동차 내외장재 부품사업부문으로 구성되어 있다.[21] 컴파운드 산업은 전기전자, 자동차,

---

21) 엔피케이/에프앤가이드

기계 등의 전방산업에 기초소재를 제공하는 산업으로 경기변동에 민감하고 GDP 성장률과 밀접한 상관관계를 가지고 있다.

또한, 반도체 제조 관련 테스트 및 엔지니어링 서비스를 주요사업 목적으로, 반도체 후 공정 테스트 외주사업을 진행하고 있으며, 사업영역의 확장 및 거래선 다변화를 위해 기존 메모리 반도체에서 시스템 반도체로의 사업영역 확장을 추진 중이며, 향후 신규 거래선 확보 등을 통하여 시스템 반도체 테스트로 사업영역을 점진적으로 확장해 나갈 예정이다.

전자, 정보소재용 잉크개발, 전도성 잉크개발, 나노금속용액 개발 적용과 같은 나노기술 연구와 RFID & USN, U- City 내 RTLS 기반 서비스, RTLS & RFID 기반 U-LBS 서비스와 같은 RFID & RTLS 기술 연구를 진행하며 주요 연구 과제로는 고밀도 인쇄공정 요소기술 시험평가, 인쇄장비별 전도성 잉크적용 개발, RFID, 디스플레이, 전자제품에 전자잉크 적용확대 등이 있다.

엔피케이는 ZigBee 기반 작업자 안전관리시스템 구축, RFID 를 이용한 냉연 크레인 무선인식시스템 구축, RFID 를 이용한 제강 위치검지시스템 구축, RFID 철강자재관리시스템 구축, D 제강 차량계량관리시스템 납품, 공군 Rewritable RFID Card 납품, 전화국 Active Rack 관리시스템 납품, 음식폐기물 부착용 RFID 태그 납품의 실적이 있다.

LBS 기반 U-City 사업(RTLS 를 이용한 자녀안심서비스), U-LBS 서비스(RFID + RTLS 서비스 결합)를 주요 프로젝트로 추진하고 있다.

(2) 기업실적

엔피케이의 연간 기업실적 및 재무정보는 다음과 같다.

표 16 엔피케이 연간 기업실적(단위:억원)

구분	2017.12	2018.12	2019.12
매출액	731	673	650
영업이익	20	1	-3
당기순이익	18	-3	-8
자산총계	766	770	765
부채총계	334	355	362
자본총계	432	415	403

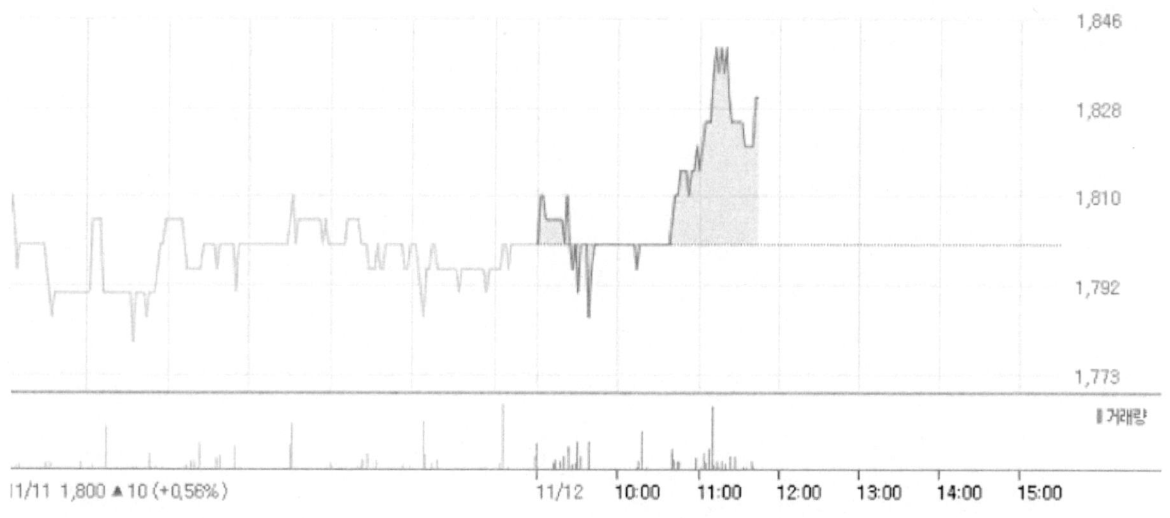

그림 22 엔피케이 주가(2020.11) [22]

---

22) 네이버금융

（3）**최근이슈**

엔피케이는 2018년 11월 프로젝트를 시작하여 현재 시험 생산을 완료하고 중국에 본사를 설립했으며 내년에는 10만 톤의 고성능 ABS 수정 엔지니어링 플라스틱의 생산 능력이 실현될 것으로 예상된다.

새로 도입된 5개의 생산 라인의 첫 번째 배치의 경우 기계가 이미 시작되었으며 현재 5개의 생산 라인은 연간 5만 톤의 생산 능력을 가지고 있다. 내년에는 5개의 생산 라인을 추가하여 베이스의 전체 생산 능력을 10만 톤으로 늘릴 계획이다. 23)

5) 이그잭스

(1) 기업개요

이그잭스는 화공약품류 및 전자재료, 그리고 전자부품의 제조 판매를 주 사업목적으로 설립되어 디스플레이용 정밀화학소재와 전자부품을 생산하고 있다. Oxide TFT 제조에 필요한 공정용 케미칼 BOE(Buffered Oxide Etchant)를 개발하고 제조사에 현재 공급 중에 있으며, 인쇄전자산업의 핵심재료인 전도성 잉크(Conduc-tive Ink) 및 전도성 페이스트(Conductive Paste)를 개발하였으며, R2R 공정 설비외에 일괄생산이 가능한 설비를 자체 보유하고 있고 양한 인쇄전자 Application을 자체적으로 생산하고 있다. 또한 이그잭스는 인쇄전자용 로타리 스크린인쇄 설비, 칩본딩 장비, 컨버팅 장비를 모두 자체보유하고 있어 안정적인 대량생산이 가능하다. 24)

(2) 기업실적

이그잭스의 연간 기업실적 및 재무 정보는 다음과 같다.

---

23) 엔피케이- 중국공장 가동시작
24) 이그잭스/에프앤가이드

구분	2017.12	2018.12	2019.12
매출액	436	334	369
영업이익	-19	12	25
당기순이익	-93	-22	-10
자산총계	625	701	876
부채총계	399	377	326
자본총계	226	324	550

그림 23 이그잭스 주가 추이(2020.8-11월)

（3） **최근이슈**

이그잭스는 16일 산업통상자원부가 주최하는 '2020 ATC+(우수기업연구소 육성사업) 지정서 수여식'에 참여해 산업부장관 지정서 및 현판을 받았으며 이와 함께 총 24억 원의 연구개발비를 지원받았다. 이그잭스는 ATC+ 선정을 통해 스크린 프린팅이 가능한 폴더블 디스플레이(LCD, OLED) 터치부품용 점·접착제를 개발할 계획이다. 기존 필름형 점 접착제는 터치부품 미세패턴 사이를 채우기 어려운 반면 프린팅 점·접착제는 미세패턴 사이에 정밀하게 도포할 수 있어 두께를 대폭 줄일 수 있는 신기술이다.

시장조사업체 옴디아(OMDIA)는 폴더블용 OLED(유기발광다이오드) 패널 출하량이 오는 2026년까지 연평균 93.9% 성장할 것으로 전망했다. 시장 규모가 매년 2배씩 커지며 올해 390만대에서 내년 1090만대, 2022년 2090만대, 2026년에는 7310만대에 이를 것으로 관측했다. 25)

이외에도 이그잭스는 플렉서블(폴더블·롤러블)용 OCA(광학투명접착필름), OCR(광학투명접착제) 개발을 완료하고 상용화에 나서 국내외 디스플레이 업체에 판매 가능한 플렉서블 용 OCA와 OCR 개발 국책과제를 완료했다고 19일 밝혔다.

이그잭스 관계자는 "미래 디스플레이의 핵심 소재인 OCA 관련 기술력은 국내외 약 5개 소수 업체만이 확보하고 있다"며 "40년 이상의 업력 및 노하우, 지속적인 연구개발을 통해 높은 진입장벽을 극복했다"고 설명했다. 이어 "플렉서블용 OCA 가격은 일반 제품 대비 약 30배에 달하기 때문에 P(가격)와 Q(수량)의 동반 상승이 이뤄질 것으로 기대 된다." 고 덧붙였으며 "미래 성장 산업인 플렉서블 디스플레이 시장 내 기술 선점을 위해 선제적 개발을 진행했고 조속히 평가를 마무리해 제품 상용화에 나설 것"이라며 "제품 양산 및 판매가 시작되면 실적 성장까지 이어질 것으로 기대 한다."고 강조했다.26)

---

25) 이그잭스, 산자부 지원 '우수연구소기업 ATC+ 사업' 선정, 김양섭

26) 이그잭스, 플렉서블용 OCA·OCR '상용화', 방글아

6) 빅텍

(1) 기업개요

빅텍은 1990년 7월 설립되었으며 방위사업(전자전 시스템 방향 탐지장치, 군용 전원 공급 장치 등) 및 민수사업(공공자전거 무인대여시스템 등)을 영위하고 있으며, 주요 제품으로는 전자전 시스템 방향 탐지장치, 피아 식별기, 전원 공급 장치 / TICN 제품군, 공공자전거 무인대여시스템 등으로 구성되어 있다.[27]

또한 '서울시 공공자전거(따릉이)'를 필두로 대전시 '타슈', 세종시 '어울링' 등 관련 시스템을 구축하였으며 영업에 박차를 가하고 있고, 방위사업(전자전 시스템 방향 탐지 장치, 군용 전원 공급 장치 등) 및 민수사업(공공자전거 무인대여시스템 등)을 영위 중이다.

전자전 사업 분야의 매출확대를 위해 기존의 방향 탐지 장치와는 별도의 제품인 소형전자전장비를 개발 완료하였고, 소형전자전장비는 방위사업청과의 계약을 통해 양산 중이며 "전자전 시험장"을 준공, 운용 중이다.

(2) 기업실적

표 18 빅텍 연간 기업실적(단위:억원)

구분	2017.12	2018.12	2019.12
매출액	408	488	490
영업이익	-16	15	26
당기순이익	-11	8	20
자산총계	619	663	936
부채총계	277	306	535
자본총계	341	357	401

---

27) 빅텍/에프앤가이드

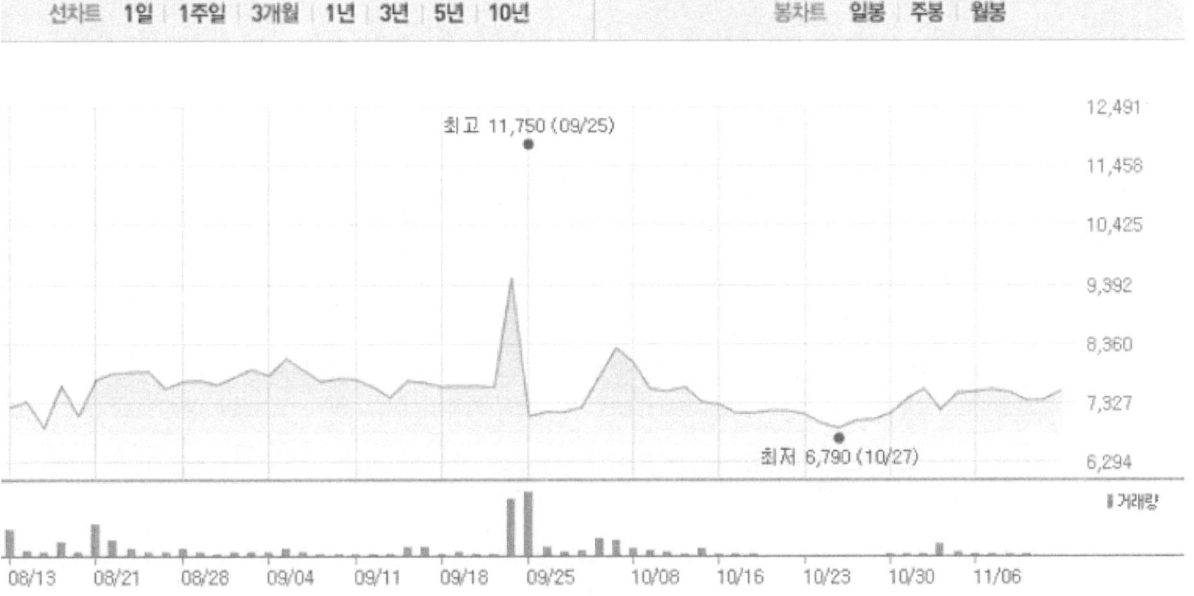

그림 24 빅텍 주가 추이(2020.8-11월)

(3) 최근이슈

2020년 빅텍이 국내 최초로 ' 잠수함용 전자전 ES(Electronic Support) 장비 국산화 개발 '에 성공했다. 이 장비는 적 항공기 , 함정 , 레이더 등에서 방사되는 위협 신호를 수신, 분석, 식별해 즉각 대응 (전시 / 경보 / 타 체계 연동) 할 수 있는 것으로서 방위사업청이 주관, 국방기술품질원이 개발 관리하는 ' 핵심부품 국산화 개발 지원 사업 '으로 선정돼 개발이 시작됐다.

빅텍은 4 년간의 연구개발 끝에 국내 최초로 개발에 성공했고, 최적의 성능을 구현하는 잠수함용 전자전 ES 장비 국내 최초 개발·국산화 성공으로 자주국방 강화, 전투력·생존성 향상은 물론 국방기술 고도화, 수입대체·해외 도입비용 절감, 노후장비 교체 , 원활한 후속군수 지원 및 해외 수출 등 다양한 기대효과가 예상 된다.[28]

---

28) 빅텍, 국내 최초 '잠수함용 전자전 ES 장비' 국산화 개발, 이지운

7) 파루

(1) 기업개요

파루는 신재생에너지 전문기업으로 태양광발전 사업과 첨단 일렉트로닉 기술인 인쇄전자 사업을 영위하고 있으며, 태양광발전은 추적 장치와 고정식으로 전 세계에 수출하고 있다. 특히 파루는 미국 텍사스 주에 세계 최대 규모(400MW)의 알라모 태양광 발전소를 설치한 레퍼런스를 보유하고 있다. 이를 통해 국내외 880MW이상의 실적과 1억불 이상의 수출 실적을 달성하였다. 인쇄전자 사업은 세계 최초 신기술로 네이처와 사이언스 같은 학술지에 관련 연구 논문을 게재하고 상용화에 성공해 대기업 등의 가전제품에 적용되는 등 시장을 확대하고 있다.[29]

LED 조명군별 기술 및 품질인증을 추진하여 현재, 조달우수제품인증, KS인증, 고효율기자재인증, 성능인증, KC인증, CE인증 등을 획득하였으며, LED산업은 2020년까지 국가 전체 보급률 60%(공공기관 100%) 달성 목표를 새로이 설정하여 다양한 장려 정책을 통해 LED 조명 보급을 확대 중이다.

파루는 나노 소재, 인쇄 방법, 장비, 인쇄 소자 등의 94건의 특허 출원(66건 특허 등록), 세계적인 학술지에서 인정한 혁신적인 기술, 국내외 활발한 연구단체와의 기술 협력과 과제 수행, 국내 유일의 은나노 3D 잉크 협력업체 등의 강점을 가진 경쟁력있는 기업이다.

(2) 기업실적

표 19 파루 연간 기업실적(단위:억원)

구분	2017.12	2018.12	2019.12
매출액	289	364	531
영업이익	-231	-256	2

---

29) 파루/에프앤가이드

당기순이익	-279	-260	2
자산총계	686	485	677
부채총계	83	149	221
자본총계	603	336	456

그림 25 파루 주가 추이(2020.8-11월)

(3) 최근이슈

글로벌 IT 기업 파루의 'AI 태양광 트래커'가 최근 감소세를 보이고 있는 태양광 발전수익을 높이는 새로운 대안으로 부상하고 있다.

태양의 위치를 실시간으로 감지해 최적의 일사각을 유지할 수 있어 발전 효율이 높다는 이유 때문이다. 발전수익 하락으로 시름이 깊어지는 발전사업주들에게 반가운 소식이다.

한국에너지공단에 따르면 2020년 상반기 신재생에너지공급의무화(RPS) 고정가격 계약 경쟁 입찰 결과 평균 선정가격이 도입 첫 해인 2017년과 비교해 3만원 넘게

떨어진 것으로 나타났다.

2019년 하반기에 비해 대폭 하락한 선정 가격 때문에 계약 체결에 실패한 발전사업주들의 불안감이 고조되고 있다.

이와 더불어 전기구입가격(SMP)과 신재생에너지 공급인증서(REC) 판매 수익 감소로 날로 수익률도 떨어지고 있어 대책 마련이 시급한 실정이다.

이에 파루는 매년 낮아지고 있는 발전수익 반등을 위해 기존 장비보다 30% 이상의 높은 효율을 가진 AI 태양광 트래커를 대안으로 제시했다.

파루 AI 태양광 트래커는 태양을 따라 고개를 돌리는 해바라기처럼 태양광 모듈이 상하, 좌우로 움직이면서 태양의 위치를 따라 이동하는 최첨단 양축 추적식 시스템이다.

어떤 계절과 날씨에도 고감도 광센서가 태양의 위치를 실시간 추적해 태양광 모듈이 발전량을 극대화하는 최적의 일사각을 유지시켜주기 때문에 일반 고정식 대비 발전효율이 30% 이상 높다는 설명이다.

8) 에이팩트 (구. 하이셈)

(1) 기업개요

에이팩트(구. 하이셈)는 2007년 반도체 제조 관련 테스트 및 엔지니어링 서비스를 주요 사업목적으로 설립되었으며 2014년 코스닥시장에 상장하였다. 반도체 후공정 중 테스트 외주사업 및 Nand Flash 및 관련 응용제품을 제조, 판매하는 사업을 진행하고 있으며, 동사 매출 비중의 대부분을 차지하는 메모리 반도체 테스트 산업은 에이티세미콘, 윈팩 등 4개사가 영위하고 있는 과점시장에 해당된다. 2020년 3월 ㈜ 에이팩트로 사명을 변경하고 음성에 제 2공장을 설립하였다.[30)

(2) 기업실적

표 20 하이셈 연간 기업실적(단위:억원)

구분	2017.12	2018.12	2019.12
매출액	226	471	468
영업이익	19	160	82
당기순이익	9	148	42
자산총계	689	1,232	1,274
부채총계	281	666	667
자본총계	408	566	607

---

30) 에이팩트

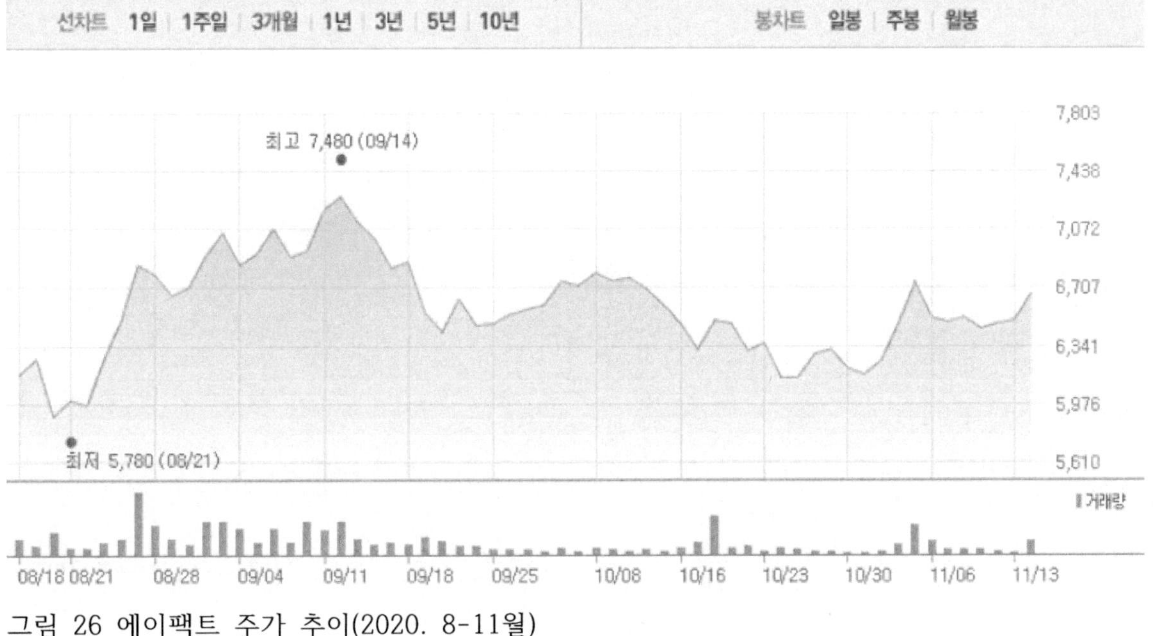

그림 26 에이팩트 주가 추이(2020. 8-11월)

(3) 최근이슈

구 하이셈은 반도체 테스트부터 패키징, CIS(카메라 이미지 센서·CMOS 이미지센서)까지 아우르기 위해 에이팩트로 사명을 바꿨다. 이성동 에이팩트 대표는 중장기적인 성장을 위해서는 SK하이닉스향 DRAM 테스트 외주 기업에서 벗어날 필요가 있다고 강조하며 현재 반도체 테스트뿐 아니라 다각화를 위해 패키징, 다변화를 위해 반도체 비메모리 분야까지 점차 사업 영역을 넓히겠다고 밝혔다.

에이팩트는 생산능력 확대를 위해 지난해 11월 총 125억8000만원을 들여 클린룸 조성을 결정했다. 음성2공장의 경우 1층은 약 2000평, 2층은 1500평으로 구성돼 있으며 1층이 패키징, 2층이 테스트가 진행될 것으로 보인다. 음성2공장향 금액 환산 기준 총 생산능력은 약 2000억원 수준으로 추정된다.

에이팩트는 음성 제2공장에 패키징 라인을 구축해 패키징에서 테스트까지 이어지는 일괄공정 체제를 갖추고 패키징 시장 진출을 준비하고 있다.

이 대표는 "에이팩트의 매출 구조를 보면 반도체 테스트 비중이 크다"며 "반도체

패키징 분야까지 사업을 다각화하고 멀리는 반도체 비메모리 분야까지 사업을 다변화할 예정"이라고 설명했다. 그는 특히 "SK하이닉스가 최근 사업구조 변화를 위해 비메모리사업인 CIS도 키워나가고 있는 만큼 CIS 물량까지 담당하기 위해 협의를 진행하려 한다."고 말했다.

Ⅶ.인쇄전자 기술 연구 현황

VII. 인쇄전자 기술·연구 현황

1. 세계 및 주요국 현황

세계 인쇄전자 기술은 그 기술 경쟁이 상당히 치열하다. 과거 미디어 인쇄 기반과 롤 프린팅 장비에서 우위를 점하고 있던 **독일을 비롯한 유럽 국가는 물론 미국 및 일본**도 더욱 연구에 박차를 가하고 있다. 국외는 듀퐁, 머크 등의 재료 기반의 업체와 VTT, Man roland등의 장비기반의 업체 그리고 연구소 등의 컨소시엄 구성을 수년 전부터 지속적인 정부투자를 바탕으로 연구를 진행하고 있다. 그리고 최근 국외 인쇄전자 기술의 동향은 본격적으로 생산 소자에 대한 생산 장비가 구축되고 있으며 빠른 시일 내에 시장 진입을 목표로 하고 있다고 볼 수 있다. Head, System, 재료 등 다양한 분야에서 많은 기술 개발이 진행되었으며 이와 함께 다양한 응용에 대한 연구개발이 진행되고 있다.

⇒ 이미 관련 선도 기업들은 인쇄 전자 기술을 적용한 다양한 제품과 기술들을 발표하고 있다.

1) 일본

* 산·관·학 국책 연구 프로젝트인 퓨처비전 사업을 통해 인쇄전자기술 개발.
* 인쇄전자 관련 기술, 특허 등 해외 유출 금지 진행.
* 인쇄전자 주요기업 : Sharp, Dai Nippon Printing, Topan Printing, 스미토모, Seiko-Epson, NEDO

2) 미국

* 방위고등연구계획국(DARPA)와 미국표준기술연구소(NIST)를 통하여 인쇄전자 제품과 생산 장비에 관한 연구를 수행.
* 인쇄전자 주요기업 : Litrex, Microfab, Optomec, nScrypt, Dimatix, Cabot, NanoMas Technologies, Cima NanoTech, OrganicID, Thin Battery

Technologies, Aveso,NanoSolar

3) 유럽

 전통적으로 인쇄기술이 발달한 유럽은 인쇄 산업을 이끌던 기관들과 반도체 공정 관련 기업이 인쇄 시스템에 관한 연구를 활발히 진행하고 있다. 장비, 공정, 재료 업체가 컨소시엄을 구성하여 기업이나 정부의 재정적인 지원 하에 연구가 진행되고 있어 시너지 효과를 극대화하고 있다.

* 인쇄전자 주요 연구국가 : 스웨덴(Link Ping대학 , Mono Paper ,Cypak) / 영국 (Inkjet Rearch Centre, Elumin8, CDT) / 핀란드(VTT, Enfucell)/독일(PolyIC, Printed Electronics Consulting)/OE-A(Organic Electronics-As sociation)

 스웨덴의 경우 국내 인쇄전자 전문가 그룹과의 공동 연구 활동 진행 및 대규모 투자를 계획하고 있다.

4) 중국과 싱가포르

 중국, 대만, 싱가폴 등도 대규모 정부지원과 반도체 관련 기술을 토대로 활발한 연구 활동을 진행하고 있으며, 중국의 경우 유럽 OE-A와 더불어 정부지원을 받을 수 있는 인쇄전자 산업협회를 발족하여 발 빠르게 움직여 가고 있다.

표 21 국외 기업의 기술개발 수준

기업명[31]	개발 수준
Xennia	잉크젯 인쇄 (50um 선폭)장비 개발
Xaar	메모리 소자 인쇄응용 개발
Dimatix Fuji	잉크젯 인쇄(1pl 헤드 정밀도) 프린팅 장비 개발
Cintelliq	RFID용 TAG용 Organic Semiconductor 장비기술 개발
KOMORY	롤투롤 인쇄 장비기 미디어 인쇄 장비 개발
VTT	교환 가능한 4도 인쇄 장비 개발
Man Roland	혼합 R2R 저급의 수동 / 능동 소자 개발
Deguss	플렉소, 그라비라 도체잉크 개발
Merck P3HT	Polythieno thiophere기술의 반도체 잉크 개발
Dupont	Polyimide 계열 잉크 개발

---

31) 출처: 인쇄전자기술의 동향, 김동수

5) 전자잉크 연구 현황

케임브리지 대학

- 그래핀(graphine)을 활용하여 전자인쇄용 도체 잉크의 투명도와 전기전도도 개선
- 특수 용액에 담근 그래핀 입자를 도체 잉크에 첨가, 특수 용액의 조성에 따라 다른
도체 잉크의 성질변화를 연구하여 '17년~'19년 사이 상용화 예정

버밍햄톤 대학

- 그래핀 산화물의 전기적 특성을 개선할 수 있는 생체 친화적 공정 개발
- 인쇄 잉크에 첨가할 4나노미터 크기의 그래핀 구조물의 전기전도도를 크게
개선했으며 '20년 상용화 예상

PolyIC GmbH&Co

- 저렴한 인쇄전자용 투명한 도체 필름 개발
- 폴리에스터 필름의 사용과 롤투롤 방식을 도입하여 원가를 절감하고 도체 필름의
유연성을 개선하였으며, 상용화 단계에 접어듦

Nano Dimensions

- 전도성 은나노잉크 개발
- 은나노잉크를 활용하여 3D 인쇄회로기판(PCB)에 잉크젯 방식으로 인쇄전자제품을
제작했으며, 3D 프린팅 기술과 결합하여 제품 생산에 활용 가능
- 은나노 잉크는 기존의 구리나노잉크보다 전도도가 더 뛰어나서 복잡한 회로제작이
가능하며 개발이 완료되어 올해 상용화 예정

2. 국내 현황

국내에 인쇄전자 기술이 소개되고 이를 위한 잉크젯 프린팅 기술이 개발되기 시작한 지 대략 20년이 되었다. 이제 인쇄전자용 잉크젯 프린팅 기술은 더 이상 새로운 기술이 아니라 점점 더 전자 제품을 대량 생산하는데 이용될 수 있는 기술로 인식되고 있다. 국내의 잉크젯 기술은 먼저 LCD 제조 즉 Color Filter, PI coating에 적용되기 위해 개발이 시작되었고, 지금은 PCB, 다양한 Coating, Micro Lens 제작, Touch Screen, Solar Cell, Bio 등 다양한 Application에 적용 또는 개발이 되고 있다.

그러나 실제 잉크젯 기술을 인쇄전자 제품생산에 적용하고 있는 것은 아직은 제한적이다. 잉크젯 기술이 많은 장점을 가지고 있지만 실제 대량생산에 적용되기 위해서는 제품에 요구되는 많은 사양을 만족하는 것이 필요하고 이를 위해서는 많은 기술 개발과 시간이 요구되고 있기 때문이다.[32]

현재 국내의 인쇄전자 기술 수준은 국외 대비 약 80% 수준에 머무른다고 볼 수 있다. 대체적으로 국내의 경우 소자, 재료, 장비의 각각의 분야에서는 높은 경쟁력을 가지고 있으나 인쇄전자 기술은 소자, 재료, 장비가 통합된 형태로 구현되기 때문에 이러한 측면에서는 국외의 수준에 비해 기술 구현성이 낮은 편이다. 미국이나 유럽의 경우 학계와 업계가 연계되어 우수한 연구 개발자의 주도하에 업체를 설립하고 직접 태양전지나 OLED등을 생산하는 시스템을 구축하고 있다.

대표적으로 미국의 Konarka가 Heeger 교수의 연구를 바탕으로 설립되어 현재 유기 박막 태양전지를 롤 프린팅 방식으로 대량 생산하는 시스템을 구축하고 향후 1~2년 내에 본격적인 생산을 시작할 것으로 예측하고 있다. 국내는 이러한 측면에서 아직까지는 대기업 주도의 산업방식에서 인쇄전자가 가지는 시장성이 현재는 없다는 판단 하에 직접 참여를 하고 있지 않으나 연구소 및 학교를 중심으로 지속적인 연구 교류는 유지하고 있다. 따라서 현재 인쇄전자가 본격적으로 꽃을 피울 것으로 예상되는 약 3~5년 후에는 국내에서도 다양한 기업에서 롤 프린팅 방식을 이용한 소자 생산 시스템을 적극 구축 할 것으로 예상된다.[33]

---

32) 인쇄 전자를 위한 잉크젯 프린팅 기술 현황 및 미래, 김석순

한국기계연구원에서는 최하 7μm 수준의 미세한 선을 연속적으로 대량 인쇄 할 수 있는 '그라비아-옵셋 인쇄공정 기술'을 개발하였다. 또한, 나래나노텍이 옵셋기법을 이용하여 TFT-LCD mask를 인쇄하는 등 관련기술개발을 발전시키고 있다. Display 중 LCD분야의 삼성전자와 LGD등은 액정배향막, 컬러필터 등에 인쇄기법을 도입했으며, 용액형 반도체 기반 TFT형성을 연구 중이다.

우리나라는 현재 GIST, 한국화학연구원 등에서 세계 최고 수준의 OPV 제작기술을 보유하고 있으며 Cell 구조의 변화, 새로운 층의 도입을 통해 효율향상에 관한 연구를 진행 중이다. 부산대를 포함하여 서울대, KAIST, 포항공대, 전북대 등의 대학으로 OPV에 대한 연구가 확대되고 있으며, 최근 몇 년 사이에 그 효율과 기술적 가능성이 향상되면서 관련분야기업의 참여가 기대된다.

미래 전략산업이며, 녹색기술의 하나인 인쇄전자 산업의 전 세계적 활성화와 우리나라 관련 산업의 글로벌화를 위하여 우리나라 주도로 국제전기기술위원회(IEC)에 인쇄전자 기술위원회(TC) 설립을 추진한 결과 미국, 독일 등 주요 국가의 전폭적인 지지하에 신설이 최종 확정되었다고 지식경제부 기술표준원은 밝혔다.

미래 산업으로 새롭게 부상되고 있는 인쇄전자 산업을 주도하고자 각국의 치열한 경쟁 속에서 발 빠르게 우리나라가 TC 설립을 주도하게 된 것의 의의로서는 100여년의 역사에 95개의 TC만 운영하고 있는 전기기술위원회에 우리나라에서는 처음으로 TC를 신설하고, 세계적 친환경 산업 트렌드 속에서 기술표준을 통한 인쇄전자 산업의 활성화로 국제 사회에 기여함으로써 한국의 국력신장을 나타내고 통상 TC 신설국이 의장 및 간사 등의 국제임원을 수임하게 되므로 우리나라 산업 환경을 충분히 고려한 국제표준 제정이 가능하며 세계 인쇄전자 관련 산업, 학계 전문가 등과의 긴밀한 네트워크 형성이 가능하여, 한국이 인쇄전자 분야의 허브 역할을 할 수 있을 뿐 아니라 우리나라 인쇄전자 관련 제품(소재, 생산 장비 등)의 대외 인식제고와 조명, 태양광, 배터리 등의 타 분야에 인쇄전자 기술의 파급효과도 기대된다.

---

33) 인쇄전자기술의 동향. 김동수

정부에서는 이미 우리나라에 국한된 것이 아닌 인쇄전자 국제표준화 로드맵 작성을 시작하였고 투명하고 효과적인 TC 운영으로 각국의 신뢰를 받아 전 세계적으로 인쇄전자산업을 발전시키고, 따라서 우리나라 관련 산업도 발전할 수 있는 좋은 여건을 마련할 것으로 보인다.

구분	장비 및 공정기술
인쇄전자 소재	• 전도성 소재를 중심으로 매년 매출 큰 폭 증가 추세 • 지난 2년 사이에 10여개 이상의 벤처 및 기업의 신규부서가 신설되어 이 분야의 R&D 및 생산 제조에서 경쟁하고 있음 • 관련기업 : 석경AT, 동우화인켐, NPC, 잉크테크, 파루, 창성 등
장비	• 장비 업계에서는 LG(OLED TV 설비)와 삼성(5.5세대 OLED공장(A3) 설비)이 2013년 신규 투자 계획을 발표함에 따라 매출 호조 예상
공정	• 삼성종합기술원, 기계연구원, LG 생산기술연구원 등 연구소 위주로 소재와 장비를 결합하는 공정을 연구하고 있음 • 기업체 중에서는 (주)토바, 파루, 잉크테크 등이 국내에서는 거의 유일하게 공정을 연구하고 있는 기업들이며, 세계 최고 수준의 공정기술을 보유하고 있음

그림 20 기술별 국내 시장

분과	대기업	중소·중견기업		연구소·대학	
소재	삼성정밀화학 SKC	경도화학공업 나노신소재 대주전자재료 대한잉크 동우화인켐 동진쎄미켐 디아이씨	백산철강 엘엠에스 지엔피 창 성 FP ITW 특수필름	호서대 영남대 경희대 화학연구원 명지산업안전보건연구소 산업안전보건공단	공주대 성균관대 전자부품연구원 생산기술연구원 직업성폐질환연구센터 KIST
장비	삼성전자 삼성종합기술원 삼성테크윈 제일모직	나래나노텍 네오피엠씨 뉴스엔지니어링 뉴옵틱스 대일산업 대진기계공업 디바이스이엔지 디아이티 로보스타	리트젠 미르기술 미루시스템즈 엔 젯 유니젯 주성엔지니어링 프로템 SFA	광기술원 기계연구원 순천향대 국민대 제주대	
소자	엘지디스플레이 삼성전자 삼성전기	다산반도체정밀 상보 세명인터넥 신화인터넥 이엘케이 이그잭스 인터플렉스 케이씨텍	크루셀텍 태인케미컬 파루 펨스 플렉스피아 피엔티 에이팩트 LIGADP SIT	ETRI 충남디스플레이 전자부품연구원 전북대 동국대 서울대	
인쇄성	코오롱 포스코 KCC	디지아이 보쉬 아이펜 케이엠더블류 켐스	피에스엠 한국다이요잉크 한두패키지 SSCP 틀리스러셀 코터스코리아	재료연구소 KIST 기계연구원 충남대 한양대	포항공대 고려대

표 23 국내 기업의 기술개발 수준

기업명	개발 수준
LG 디스플레이	잉크젯, 리버스옵셋 프린팅을 이용한 LCD용 컬러필터 제작
삼성전자	잉크젯, 그라비아옵셋 프린팅을 이용한 트랜지스터, LCD용 컬러필터 개발
LG화학	그라비아옵셋 프린팅 이용 PDP용 EMI 필터 개발, 리버스 옵셋 프린팅 공정 및 컬러필터 잉크, BM용 잉크, Ag 잉크, 블랭킷 등 소재 기술 개발
삼성전기	그라비아 프린팅, 슬롯다이 코팅을 이용한 MLCC 양산, 롤투롤 그라비어/슬롯다이 장비 개발 산업용 잉크젯 솔루션 기술 개발 및 LCD 컬러 필터, PCB 시양산
LG이노텍	리버스옵셋 프린팅을 이용한 PDP 전극 개발
SFA	그라비아 옵셋 프린팅 장비 개발 리버스 옵셋 프린팅 장비 개발
나래나노텍	그라비아 옵셋 프린팅 장비 개발 박막용 슬릿다이 코팅 장비 개발
유니젯	롤투롤 잉크젯 프린팅 장비 개발
디바이스 이엔지	그라비아 옵셋 프린팅 및 ESD 코팅을 이용한 투명전극 개발
제일모직	디스플레이, 태양전지 용 배선전극 잉크 개발
동우화인켐	LCD 컬러필터 위한 잉크젯/롤프린팅용 잉크 개발
동진세미켐	태양전지전극용 Ag 잉크, Al 잉크, PolySi 잉크 개발
잉크테크	롤투롤 인쇄공정용 Ag 잉크 개발
대주 전자재료	PDP 패널 전극용 Ag 잉크 개발
나노신소재(ANP)	반도체, 디스플레이, 태양전지 전극용 Ag 나노 잉크 개발

이 외에 2020년 최근, 자동차 회사들은 기존 보유하고 있는 장비와 기술을 사용해, 디자인과 형태를 자유롭게 할 수 있는 IME(input method editor 입력기) 분야에 도전하고 있다. 그 결과 운동선수들은 웨어러블(wearable : 착용할 수 있는) 패치와 스트레처블(stretchable : 신축성 있는) 전자제품을 쟈켓 내부에 부착해 컨디션 체크 및 보온 기능에 적용하고 있다. 이는 아직 비용 및 성능에 대한 신뢰도 문제 둥 풀어야 할 과제가 많지만 최근 기존 전자제품과 비교했을 때 유연성을 가진 인쇄전자 시장에 기회가 생겼고 적용 범위, 즉 시장 내 확장 가능성이 엄청나게 넓어졌음을 의미한다.

지난 10여 년 동안 유연성을 가진 인쇄전자는 '터치 디스플레이, RFID 안테나, 포도당 테스트 스트립, 멤브레인 키보드' 분야에서 저비용 제조 방식으로 간주돼 왔다.

◆ 대량 주문 제작 가능

인쇄전자는 IoT(Internet of Objects : 사물 간 인터넷 혹은 개체 간 인터넷)와 같은 전자제품에 대량 생산으로 대응할 준비가 돼 있다. 적용 방법을 본다면 실리콘을 통째로 대처하기보다는 툴킷 (Tool Kit)의 일부가 된다는 생각으로 접근하는 것이 좋다.

예를 들어 플라스틱이나 강철 포일의 플렉서블(flexible : 구부러지는, 신축성 있는) 마이크로칩은 스마트 포장을 위한 저비용 태그 (Tag)를 가능하게 한다. 일부 의약품의 경우 온도, 습도 또는 이산화탄소 수준이 매우 중요한데, 포장에 통합된 센서와 데이터 처리는 환경 매개변수를 모니터링 하는 데 사용될 수 있다. 또한, 스마트 포장을 통해 제품 품질 향상, 폐기물 감소 및 검사의 단순화에서 가격 조정, 시간, 비용 절감에 이르기까지 다양한 이점을 얻을 수 있다.

◆ 전자 제품에도 하이브리드 시스템 적용

향후, 얇은 칩으로 구성된 다층회로기판 (MULTILAYER PRINTED CIRCUIT BOARD)을 통해 유연하고, 부드럽고, 심지어는 신축성이 있는 전자제품을 만들어 내는 플렉시블 하이브리드 전자(FHE, Flexible Hybrid Electronics) 시스템이 구축될 것으로 전망되고 있다.

PARC(Palo Alto Research Center)에서는 무산소대사량 (Anaerobic Metabolism)을 측정할 수 있도록 타액의 젖산(Saliva Lactate)을 지속적으로 모니터링 할 수 있는 마우스피스를 인쇄전자 기술과 접목해 개발하는데 성공했다.

이 제품은 운동이나 훈련 활동 중에 착용하도록 설계됐으며, 데이터 통신을 위해 저전력 블루투스 기술(BLE, Bluetooth Low Energy)를 이용해 스마트 와치와 같은 스마트 기기에 타액 양을 전달한다. 이 제품의 또 다른 장점은 무선 충전도 가능하다는 점이다. 무선 충전기능도 점점 상용화되겠지만 아직까지는 비교 우위를 점할 수 있는 장점이라 할 수 있다.

일반적으로 젖산은 건강과 피로의 중요한 표시다. 훈련과 운동 중 발생하는 침(타액)에 대한 지속적인 모니터링을 가능하게 함으로써, 실시간으로 운동에 최적할 수 있는 상태 유무를 확인 가능하게 하는 것은 분명 혁명에 가깝다. 예컨대 박빙의 실력차를 가진 두 팀에 경기장에 나섰다면 젖산의 체크만으로도 최적의 선수 구성을 조합하게 해서 승리에 한 걸음 더 다가가는 것과 같은 이치이다.

이를 가능케 하는 FHE(Flexible Hybrid Electronics) 반자동 제작 공정은 플렉서블 폴리머(Polymer : 중합체) 기판에 3단계 디지털 프린팅 방식으로 진행되는데 첫 번째 공정은 전도체가 교차 인쇄되기 전에 두 트레이가 교차되는 곳에 보호레이어로 인쇄하고, 두 번째 공정에서는 이방 전도성 페이스트 구성 요소 패드가 배치될 부위에 압출 인쇄된다. 그리고 마지막으로 기판에 부품을 놓고 열과 압력을 가해 결합한다.

◆ FHE 로드맵 제시

 FHE는 대용량 제작이 가능한 시트피드 (Sheet-Fed) 방식 혹은 롤투롤 (Roll-to-roll) 공정에 적합하며, 필 앤 스틱 (Peel-and-stick) 센서라벨이 부착된 고성능 실리콘 전자 부품과 결합되어 헬스, 모니터링, 안전 감시 분야 등에 쓰인다.

현재 PARC에서 개발 중인 인쇄 가능한 센서에는 온도 및 압력 센서, 가스와 기타 분석 물질에 대한 화학 센서, 전기화학과 생화학 센서가 포함되며, 이는 인쇄술이 다양한 전자제품과 IoT 기기, 휴대전화의 복잡성에 대한 유연한 개인기기의 중요한 제조 기술이 될 가능성을 가지고 있다는 것을 뜻한다.

◆ 산적된 과제들

 소재 개발에는 늘 제작비 문제가 함께 따라온다. 은과 같이 비용이 많이 드는 원소에 대한 대안을 제공하고 함께 잘 작동하는 새로운 재료가 개발이 필요한 상태다. 인쇄된 구리가 하나의 예지만, 다른 재료에 기초한 창의적인 해결책도 마련돼야 한다.

스트레처블은 물질과학이 해결해야 할 또 다른 도전이며 이를 해결하는 방법 중 가장 대담한 예측은 마이크로칩을 잉크로 바꿔서 인쇄할 수도 있다는 개념이다. 이것은 복

잡한 회로의 신속한 수요에 따른 제작을 가능하게 하는 혁신적인 개념이지만 회로 설계에 대한 새로운 접근방식이 필요함을 말하는 예시이기도 하다.

현재 유수의 전문가들은 인쇄된 FHE의 미래에 대해 크든 작든 간에 기기 구조에 지능을 내장하고 있는 사물에 대한 맞춤형 솔루션을 만드는 데 더 가까이 다가갈 것이라고 전망하고 있다. 사용자와의 커뮤니케이션 혹은 안전을 위해 새로운 방식으로 자동차 혹은 우주선 프레임에 내장된 다수의 센서를 보게 될 것으로 예견하기도 한다.

이처럼 부드러운 로봇과 보철물은 착용자의 건강을 감시하기 위한 맞춤 스마트 패치와 함께 확장될 가능성이 있는 또 다른 영역임에 확신하고 있다.

중요한 것은, 위에서 언급한 요소들의 설계와 제작 공정이 단순화되고 접근 가능하게 돼 향후 새로운 전자 시대의 진보를 위한 요소가 될 것이라는 것이다.[34]

---

34) 한 걸음 더 나아가는 인쇄전자 시장 전망은?, 윤광제

3. 요소 기술

 첫 번째로 우리는 전자잉크 분야에 대해 고려해 볼 수 있다. 전자잉크 분야는 재료 기술로서 인쇄전자산업 활성화의 주요 요인으로서 개선연구가 진행 중이다. 전자잉크는 전기적 특성에 따라서는 도체, 반도체, 절연체로 나눌 수 있으며, 재료의 물성에 따라서는 유기잉크 및 무기잉크로 크게 구분할 수 있다. 가장 핵심적인 응용소자인 반도체 소자의 재료로 사용될 전자잉크는 유/무기 복합 소재일 것으로 전망되고 있는데, 주로 무기성분을 기본 매트릭스로 하고 분산성 확보를 위해 유기성분을 이용하는 형태이다.

 또한, 인쇄기판은 한편 단단한 유리, 부드러운 섬유 등도 활용될 수 있지만, 대량의 인쇄를 위해서는 유연한 종이, 금속 호일, 플라스틱 등의 유연기판이 사용될 수 있다는 점이 요소기술에서의 두 번째 이슈이다.

 이것 중에서 PET(PolyethyleneTerephthalate)와 PEN(PolyethyleneNaphthalate)의 사용이 일반적이지만, PEN은 가격이 저렴한 반면 장력 및 열팽창이 안정적이지 못하고, PET는 장력 및 열팽창 특성이 우수하지만, 고가라는 장단점을 지니고 있다. 저온공정 적용이 가능한 차세대 소재(주로 유기물) 혹은 신 공정을 개발하거나, 플라스틱 기판의 내열성을 향상시켜 최대 허용공정 온도를 높이고자 노력을 하고 있으나 수요업체의 요구 수준에는 미치지 못하고 있다.

 세 번째로, 인쇄방법의 아날로그 방식과 디지털 방식이 있다. 그리고 전자인쇄 공정은 접촉식(아날로그)의 스크린 프린팅, R2R(그라비아 프린팅, 플렉소그래픽 프린팅, 오프셋 프린팅), 비접촉식(디지털)의 잉크젯프린팅, 에어로졸젯분사, 나노임프린팅리소그래피 등으로 구분할 수 있다. 접촉식인쇄술은 생산성이 좋은 반면 미세패턴 형성이 쉽지 않고, 비접촉식 인쇄술, 특히 잉크젯 방식은 헤드로부터 미세한 잉크방울을 토출시켜 원하는 위치에 패터닝 하는 기술이며, 작은 체적에 복잡한 형상을 구현하기에 적합하지만, 패턴을 순서대로 형성하기 때문에 인쇄 속도가 느린 단점이 있다.

즉 여러 가지의 요소 기술에 대한 이슈가 존재하나, 인쇄전자 소자의 제조 시, 여러 종류의 인쇄법과 인쇄기기의 장단점과 패턴 해상도에 따라 선택, 조합하여 활용하는 것이 일반적인 이슈이다.

4. 응용 분야[35]

인쇄전자기술의 주요한 응용 소자/부품분야는 Logic/Memory(논리회로/기억소자), Display, Photovoltaic (태양광발전) 등으로 볼 수 있다. Logic/Memory 분야는 인쇄전자 기술 적용측면에서 고난도 분야로 단기적으로는 low-end소자/부품생산에 인쇄전자기술을 적용하고, 중장기적으로 high-end제품으로 확대될 것이다.

Display분야는 컬러필터와 같은 특정부품제조에 인쇄전자기술을 활용하고 있으며 궁극적으로 전 공정 및 부품의 인쇄화가 기대된다. Photovoltaic 분야는 전통적인 방식으로 제조되는 전자소자로서 경제성은 낮지만 인쇄전자기술을 통해 저가생산이 가능한 편이다.

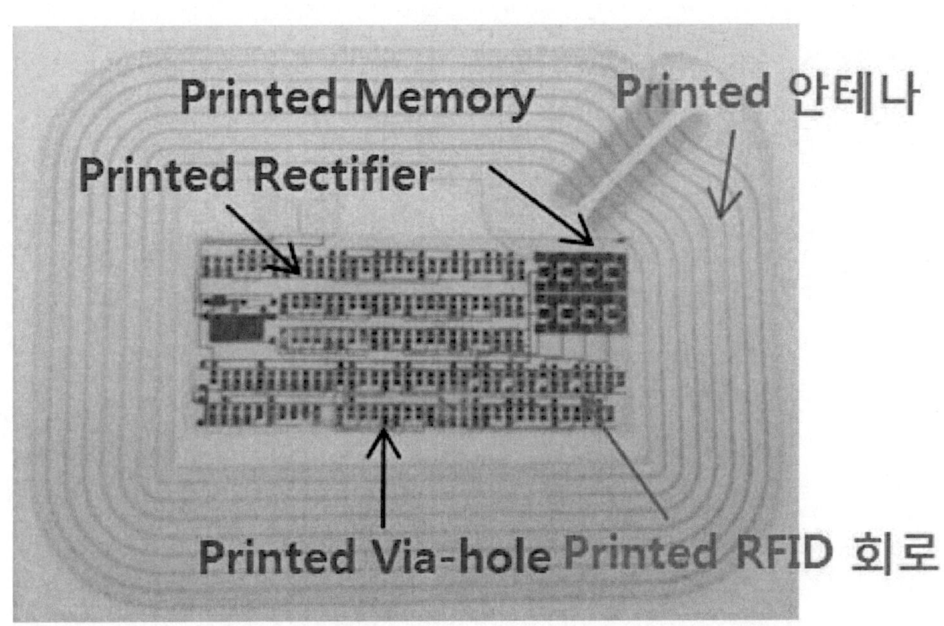

그림 21 인쇄 기술로 제작된 메모리 소자의 예

---

35) ETRI, 2013, 인쇄전자 기술 및 동향

또한, RFID 태그에서, 인쇄방식으로 제작된 트랜지스터, 축전지, 저항으로 RFID를 구성하는 링오실레이터(ring oscillator)와 같은 논리소자(logic circuits), 메모리소자(memory devices) 등을 제작하면 RFID 태그의 가격을 현재의 약 1/10 수준 이하로 낮출 수 있다. 그렇게 되면 RFID 태그가 훨씬 더 많은 정보를 전달할 수 있는데다 원거리 인식도 가능하기 때문에 바코드를 대체할 수도 있다는 분석이다.

인쇄 RFID 태그를 제작하는데 중요한 요소로 작용하는 것이 인쇄소재이다. 그 중에서 반도체 잉크 재료는 인쇄기술을 통해서 제작되는 각종 전자소자의 활성 층으로 주로 사용되는 핵심재료로써 RFID 소자의 성능에 가장 중요한 영향을 미치기 때문에 현재 가장 활발히 연구되고 있다. 반도체 잉크 재료는 재료의 화학적인 성분상 유기물 반도체 잉크 재료와 Si나 산화물 반도체와 같은 무기물 반도체 잉크 재료로 나뉜다.

전도성 잉크 재료는 각종 RFID 소자의 전극, 배선 등에 주로 사용되며 이때 형성되는 전도성 라인에 필요한 가장 중요한 물성은 바로 전도도이다. 가령 예를 들면,전도성 잉크 재료의 인쇄공정을 통해서 논리소자와 메모리소자의 배선을 형성한다고 하였을 때 형성된 배선라인의 전도도가 높을 시에는 보다 저항에 의한 에너지 감소(loss)를 최소화 할 수 있어서 낮은 동작 전력 구현이 가능하다. 그 다음으로 중요한 요구사항은 낮은 공정 온도, 낮은 제조단가 및 잉크의 안정성 등을 들 수 있다.

현재 주로 사용되고 있거나 활발히 연구되고 있는 전도성 잉크 재료는 전도성 고분자 용액, 금속 나노입자, 탄소나노튜브(CNT: Carbon nanotube), 그래핀 분산 용액 및 이에 대한 복합체 재료를 들 수 있다

인쇄 조명 및 디스플레이 분야에 대한 연구도 중요한 분야이다. OLED(Organic Light Emitting Diode) 조명과 디스플레이는 높은 성능과 에너지 소비가 적은 친환경적인 특성이 부각되면서 요즈음 각광받는 분야인데 리버스 오프셋 프린팅(ROP: Reverse Offset Printing) 등의 인쇄공정을 적용하여 대면적에 생산단가를 줄이는 것이 가능하다. ROP 방법을 이용하면 약 2 μm까지의 최소 선폭의 인쇄전자 소자의 제작이 가능하다. 특히, 이러한 기술들은 조명분야뿐만 아니라 상대적으로 높은 기술수

준을 필요로 하는 디스플레이 분야까지 인쇄기술을 적용하기가 쉽도록 만든다.

이외에 인쇄전자의 중요한 응용 영역 중에는 태양 전지와 배터리가 있다. 인쇄기술 접목이 용이한 플라스틱 기반의 태양전지(PV: Photovoltaic)는 쉽게 구부러지는 특성 으로 인해 휴대하거나 다른 데 붙여 전원으로 사용하기에 편리하기 때문에 인쇄기술 을 통해 태양전지의 생산 비용을 낮추려는 시도가 활발하게 이루어지고 있다.

한편, 또 다른 전원으로서 인쇄 이차전지나 슈퍼 커패시터도 시도되고 있는데, 기판 에 리튬 화합물 잉크 또는 활성탄소 잉크를 직접 인쇄하여 부품에 일체화하거나 고밀 도의 자동차, 휴대용 전자제품용 배터리에도 확장하려는 움직임이 관측되고 있다.

1) 재료로써의 전도성 잉크

전도성 잉크는 페이스트 잉크, 금속염 잉크, 나노 잉크 등 크게 세 가지로 구분된다. **첫째로 페이스트잉크는 대개 수백 나노미터에서 수 마이크론 단위의 금속분말(주로 은)을 분말 사이를 접착하고 유동성을 주기 위한 바인더 수지와 기타 첨가제와 혼합 한 형태로 점도가 높은 것이 특징이다.** 이러한 고점도 특성 때문에 일반적으로 스크 린 인쇄 방법을 적용하여 회로를 인쇄하여, 각종 멤브레인 스위치, RFID (Radio Fre quency IDentification) 안테나, 디스플레이용 전극 등 여러 분야에 적용되고 있다. 장점으로는 스크린 인쇄 특성이 우수하다는 점과 비교적 저렴한 가격을 들 수 있다. 단점으로는 점도가 높아서 다양한 인쇄 방식의 구현이 어렵고, 스크린 인쇄 적용 시 인쇄 정밀도가 약 50 마이크론 정도로 제한된다는 점이다.

전도성 잉크의 두 번째 종류는 금속염 형태로 용매와 이온 상태의 은과 상대 이온 및 첨가제로 구성되는데, 일반적으로 상대이온 탄소 체인을 포함하는 경우가 많아 유 기 은 용액이 된다. 용매에 따라 점도가 변화되지만 저점도 잉크가 일반적으로 잉크 젯 방식과 같은 젯팅 방식 및 롤 방식의 인쇄에 적합하다. 문제점은 은의 농도 조절 에 한계가 있는 것으로 결과적으로 건조 및 소성 후 인쇄 두께가 매우 얇게 된다. 즉, 금속염의 농도가 용매에 대한 용해도 이상이 되면 침전이 일어나 고농도화에 제 한이 있다. 대표적인 개발 업체로는 잉크테크 사를 들 수 있다.

세 번째 전도성 잉크의 종류는 나노 입자 형태로 분산제로 안정화된 나노 입자와 용매 및 첨가제로 구성된다. 앞서 말한 바와 같이 나노 입자의 저온 소성 특성을 활용하여 PET 필름 등과 같은 열 안정성이 낮은 인쇄체에 적용이 가능한 장점이 있다. 대표적인 개발 업체는 미국의 Cabot 사 등을 들 수 있다. 위의 금속염 또는 나노 입자 형태의 전도성 잉크는 여러 가지 인쇄 방식에 대응할 수 있다는 장점이 있고 전기 전도도가 페이스트에 비해 우수하다.

전도성 잉크는 차세대 ICT(Information and Communications Technologies) 기기의 제작에 적합한 공정기술인 인쇄전자 기술과 함께 사용되어 점차 그 수요가 증가될 것으로 예측되고 있다.

전도성 잉크 및 페이스트 비즈니스는 2017년에 1,900 톤을 웃돌 큰 규모의 시장이다. 이 시장은 여러 분야로 나눠져 있는데, 여러 신흥시장 혹은 성숙시장이 있다. 앞으로 10년 동안 시장은 연 평균 3.2%의 성장을 할 것인데, 몇몇 타겟 시장만이 매우 빠른 성장을 보이고 나머지 시장은 오히려 규모가 줄어들며 전체적으로 보았을 때는 시장이 불균등하게 형성될 것이다. 이것은 기회와 동시에 위기를 의미한다. 시장규모의 성장과 동시에, 신기술과 대체재는 빠르게 발전하고 가격과 성능 면에서 기성제품들에 경쟁할 역량을 갖춘다. 비금속의 가격변동처럼 이러한 요인역시 기업들이 변화하는 시장에 발맞추어 이득을 보기 위해서는 올바른 기술과 시장전략을 개발해야 됨을 제시한다. 각각의 시장부문과 기술을 평가하고 자세한 시장전망예측, 종합적 기술 및 적용 평가, 그리고 주요 기업 정보 수집을 통한 올바른 의사결정이 필요하다.

현재 인쇄전자의 기술수준은 일부 요소 부품들을 제작하고 간단한 전자회로를 구현하는 수준에 머무르고 있으나 도체, 반도체, 절연체의 여러 잉크 소재 및 다양한 초미세 인쇄공정 기술의 개발이 진행됨에 따라, 전도성 잉크는 향후 폭넓은 분야에 적용될 것으로 기대된다.

전도성 잉크를 활용한 인쇄공정이 적용될 분야는 다음과 같다.

표 24. 전도성 잉크 활용 가능분야 (인쇄공정 적용 분야)

분야	세부분야	적용가능 분야 및 인쇄공정
스마트 제품	RFID	안테나 : 롤프린팅, 기타: 캐패시터 및 칩 등에 롤투롤
	Packaging	Sensor : 센서층을 잉크젯, 롤, 스크린 프린팅
디스플레이	LCD	칼라필터, 배향막, 스페이서 : 잉크젯, 롤프린팅 TFT Backplane : 반도체층, Gate 전극, S/D 전극, 절연체층 프린팅
	전자종이	Frontplane : Wetting 등 격벽, 용액 주입에 잉크젯, 롤프린팅 TFT Backplane : 반도체층, Gate 전극, S/D 전극, 절연체층 프린팅
	OLED	유기발광층 : 고분자 방식의 OLED 제조시 잉크젯, 노즐젯 투명전극층 : 전도성 고분자의 잉크젯, 슬롯다이코팅
에너지	태양전지	CIGS, CdTe, DSSC 흡수층 : 스프레이, 스크린 OPV 활성층 : 잉크젯, 슬롯다이, 롤방식 Si 전극층 : 스크린 프린팅, 잉크젯, AD방식
	Battery	전극층 : 전극 층에 슬롯다이
조명	OLED	유기발광층 : 고분자 방식의 OLED 제조시 잉크젯, 노즐젯
기타	Touch Panel	배선 : 전극배선에 스크린 및 롤프린팅 투명전극층 : 패턴된 ITO 대체에 젯팅 및 롤프린팅
	FPCB	배선 : 고밀도 배선 형성시 롤프린팅

인쇄 기술이 가장 활발하게 응용되고 있는 분야 중 하나는 디스플레이 제조이다. Seiko-Epson社는 이미 LCD용 컬러필터의 제조공정을 인쇄 기술을 통해서 대체하는 공정의 개발을 완료해 실제 일본 샤프 등의 제조공정에 적용했다.

최근 E-paper AMLCD·AMOLED의 화소에 트랜지스터를 하나씩 포함하는 액티브 매트릭스 평판 디스플레이의 TFT를 인쇄공정을 통해서 제작하는 연구가 활발히 진행 중에 있다.

이 밖에, 일본의 TOPPAN은 Reverse Gravure Offset을 이용해서 8μm의 고해상도를 갖는 소스/드레인 전극을 Ag나노입자를 통해서 형성하고 이를 TIPS-pentacene의 전극으로 사용해 E-paper 디스플레이를 시현한 바 있다.[36]

그림 22 TOPPAN인쇄에서 개발한 전자 잉크형
디스플레이 장치

인쇄기술을 이용한 LCD·OLED 디스플레이의 백플레인 제조는 보다 높은 전하 이동도가 필요하므로 현재 주로 사용되는 유기 TFT를 이용해 구동하기에는 무리가 있다.

따라서 나노 잉크 소재를 이용한 무기 반도체 잉크 등의 개발을 통해 가능할 것이 예상되므로 실제 적용을 하기 위한 잉크 안정성 확보 등의 특성이 갖춰진다면 향후 전도성 잉크의 활용분야가 더 넓어질 것으로 예상된다.

---

36) 인쇄전자 기술 및 동향, 양용석 외

태양전지 분야에서는 결정질 실리콘 태양전지의 전극을 기존의 스크린 인쇄에서 오프셋이나 잉크젯 방식으로 변화시켜 미세 선폭을 구현하려는 노력이 이루어지고 있다. Schmid社(독일), OTB Solar社(네덜란드)는 비접촉식 잉크젯 프린팅을 전극형성 공정과 에치 레지스트 형성 공정에 적용하기 위한 기술개발을 수행해 왔다.

그 밖에, CIGS 태양전지 및 연료 감응형 태양전지를 인쇄방식으로 구현하려는 노력이 기울어지고 있어 이를 위한 반도체 나노잉크의 개발이 활발해지고 있어 향후 관련 시장 적용이 이루어질 것으로 예상된다.

이 외에 다른 응용분야로서는 RFID와 센서 분야가 있다. Printed RFID 연구가 이루어지는 것은 비용적 절감을 위한 것이 주된 이유이다. Si 단결정을 이용하고 고온 증착하는 절연체와 도체를 사용하는 Si 기반 RFID에 비해 프린팅이 가능한 유기물 용액을 이용하는 프린티드 RFID는 가격을 보다 획기적으로 저감할 수 있는 방안으로 그 활용이 예상된다.

2) 은 잉크(Ag Ink) 대체 기술 : 구리 잉크

은 소재는 고가의 귀금속 소재임에도 대기 중에서 다른 금속에 비해 상대적으로 안정하고 산화가 되어도 전도성을 띄기 때문에 현재까지 전기전자 분야에서 널리 사용되고 있다.

하지만 최근 중국을 중심으로 국내외적으로 국내 IT 업체들이 지속적으로 원가 압박을 받는 상황 속에, 국내 전기전자 부품 업체, 특히 터치스크린 모듈 업체들은 경영상에 상당한 어려움을 겪고 있는 실정으로 파악되었으며, 이러한 대내외적인 산업 환경은 지속적으로 은 소재의 대체 및 공정 기술 개발이 이루어지게 하는 원동력이 되었다.

현재 인쇄전자 산업에서 나노잉크 상용화를 저해하는 몇 가지 원인이 있는데 그 중 첫째는 낮은 성능이고 둘째는 높은 원가, 그리고 마지막으로 산업 수요의 미반영이다.

나노잉크의 상용화를 위해서는 위의 세 가지 조건 모두가 충족되어야 함은 당연하나, 이 중 가장 큰 문제가 고가의 Ag 소재를 사용해야 하는 것이다. 특히 유연소자 및 저온 소성을 유발할 수 있는 은 전극소재는 더욱 고가이기 때문에 제품 적용에 어려움이 많다.

고가의 은 소재를 대체하기 위한 구리 잉크 기술 연구는 일본을 중심으로 1990년대부터 지속적으로 진행되어 왔으나, 아직까지도 비교적 낮은 전기전도도 (~10-4Ωcm)가 요구되는 일부 바인더형 잉크 제품에 적용되는 수준에 머물러 있으며, PCB용 Hole 충진용 혹은 MLCC용으로 사용된다.

기존의 은 페이스트 혹은 잉크 대신에 구리 분말 등의 저가 나노 금속 입자를 사용하여 전극소재로 사용 하려는 많은 노력이 진행되고 있다. 인쇄 배선의 전극화를 위해서는 소결 공정이 필수적인데, 현재는 일반적으로 열에 의한 소결 기술을 사용 중이다.

이러한 방식으로는 많은 설비와 1시간 이상의 Tack time이 필요하고, 특히 구리 잉크 등의 전극화를 위해서는 불활성 기체 분위기를 만들기 위한 추가적인 유틸(utility)

이 필요하기 때문에 은에 비해 비용적으로 큰 이득이 없다.

 또한, 산화되지 않은 순수 구리 나노 입자의 양산수율이 낮고 가격이 비싼 단점이 있어 이 또한 고비용의 잉크 기술이라 할 수 있다.

 과거, 국내외 많은 기업들이 한동안 기술 개발을 진행하다가 이러한 단점들로 인해서 기업들로부터 외면 받았다. 기업들의 외면은 아래 그림에서 확인할 수 있다. 초기 구리 잉크 개발이 한창일 때 꾸준히 특허출원이 증가하다가 2000년대 초반(2구간->3구간)에 쇠퇴하는 것을 알 수 있다.

 기간별 관련 분야 특허추이를 살펴보면, 최근 (5구간, 2005년 - 2010년) 들어 금속 나노잉크 조성물 및 저온소결 기술 기반 인쇄회로 구현 기술 분야의 특허 출원이 증가하고 있어 관련 기술 개발에 대한 연구가 활발히 이루어지고 있음을 알 수 있다.

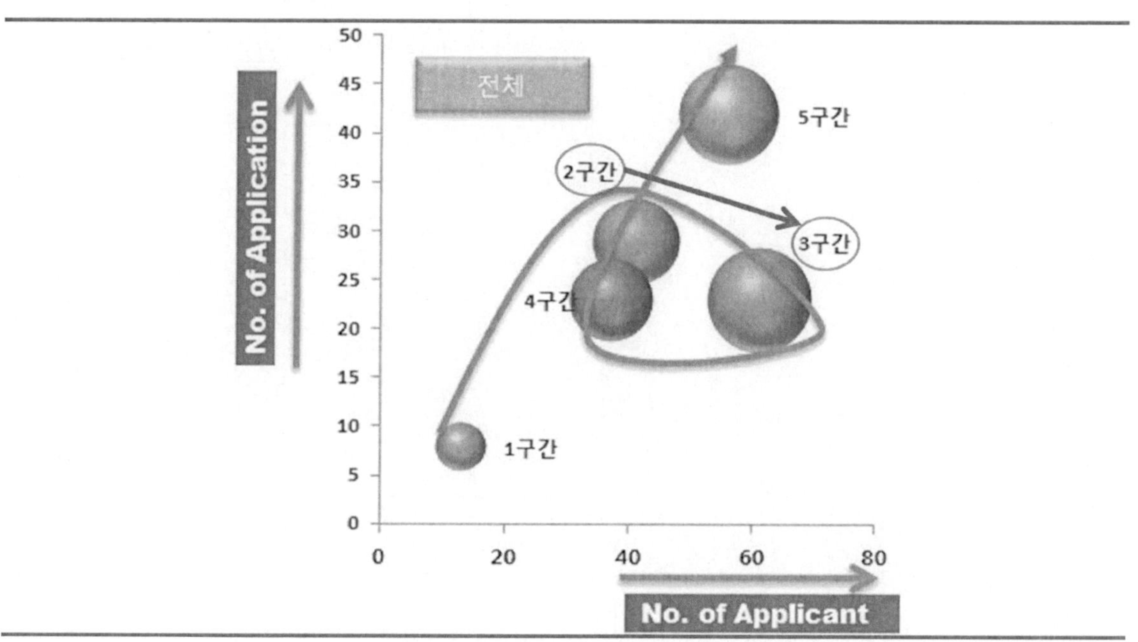

그림 23 기간에 따른 관련 특허 추이

 특히 금속 나노잉크의 저온소결을 위해 광 소결 기술이 도입된 2007년부터 특허 출원이 급격하게 증가하는 추세를 보이고 있다. 관련분야 주요 출원인으로는 미국 Nova Centrix社로서 광 소결 장비 및 금속 나노 잉크 소재에 관한 다수의 특허를 출원하였

으며 해당 기술을 선도하고 있다.

 광 소결 기반의 구리 잉크제조기술은 기존에 구리 나노 잉크의 전극화를 위해서는 산화되지 않은 고가의 순수 구리 나노 입자를 불활성 분위기 하에서 열 소결을 해야 하는 반면, 광소결 기술은 산화 피막이 형성되어 있더라도 펄스화 된 제논 백색광을 이용하여 환원과 소결을 동시에 유도할 수 있는 전극화(metalization) 기술이다.

 광 소결 방법은 Bulk 구리에 비해 광흡수도가 높고 녹는점이 낮은 구리 나노 입자를 이용하여 환원제가 첨가된 잉크 상태로 기판에 인쇄한 후 강한 빛을 짧은 시간 동안 조사하여 소결하는 방법이다.

 환원제가 첨가된 구리 나노 잉크가 강한 빛을 받으면, 구리 나노 입자가 빛을 다량 흡수하게 되어 짧은 시간에 온도가 급격히 상승하게 되면서 구리 산화막과 접촉하고 있는 환원제가 열화학적으로 반응하여, 산화 구리가 순수 구리로 환원됨과 동시에 구리입자의 용접을 유발함으로써 소결이 일어나 고전도도의 순수 구리 전극을 형성하게 된다.

 다음 그림은 최근 전자부품연구원(KETI)에서 개발한 구리 나노 잉크을 이용하고 NovaCentrix社의 PulseForge 1300 장비를 사용하여 제작한 5.5인치 단면 FPCB의 사진이다. 아직 개선해야 할 기술이 많지만, 많은 가능성을 보여주고 있는 것으로 판단된다. 경제성 있는 구리 잉크는 기존의 은 잉크 소재는 물론, core-shell형 복합금속 잉크 소재를 대체할 수 있는 핵심 소재가 될 것이다.

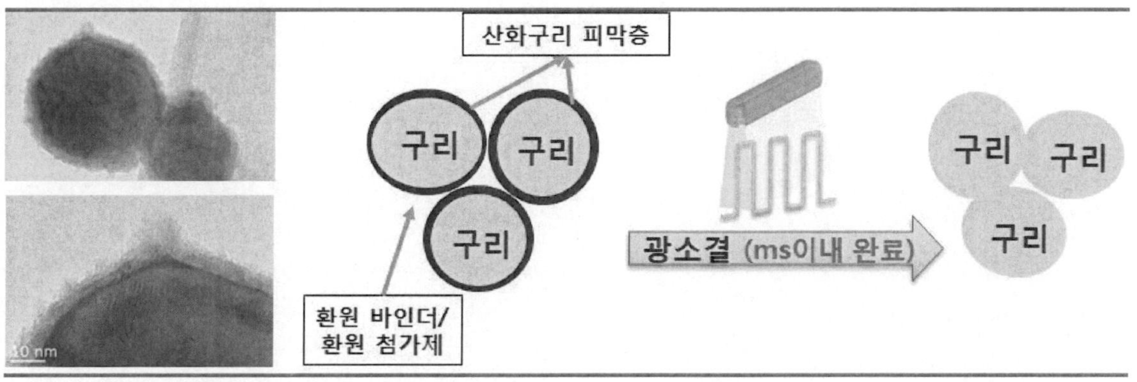

그림 24 Cu 나노 잉크의 비저항 최적화 : 환원반응 및 광 소결 최적화

분야	Player	The strong
나노금속분말	US Research Nanomaterials, Suzhou Canfuo Nanotechnology, NaBond, QSI, Nanoshel, Eprui Nanopaticles&Microspheres, Xuzhou, Skyspring Nanomaterials, Ausmaucos Pharma, TEKNA, Nano Technology, Guangbo	TEKNA, QSI, Guangbo
잉크&페이스트	DuPont, Heraues, Hitach chem, Intrinsiq Materials, Applied Nonotech, Tosoh, Asahi Glass Co., Toyobo, Asahi Kasei Co., JNC Co., Harima, AIST, Showa Denko, Asahi chemical research, Laboratary Co., Dowa international, Changsung, Inktec, ANP, IMD, Ishihara, PPG Industry, Limak, DNP, Taiyo	?
광소결 장비	NovaCentrix, Xenon, 애쓸론, 나노기술, 비아트론, 성안기계, Ishihara	NovaCentrix
TSP	일진디스플레이, LG이노텍, S-mac, 멜파스, 이엘케이, 이앤에이치, 시노펙스, 네패스, 니샤, Jtouch, youngFast, Wintek, TPK, Elotouch, 알프스전기, PED, O-Film, BYD, Sintek	일진디스플레이아, S-mac, 니혼샤신 인쇄, YoungFast
Set maker	삼성전자, LG전자, 애플, Huawei, ZTE, Lenovo	삼성전자, 애플

그림 25 구리나노입자 대표 기업

<응용분야 요약>

1) 전도성 잉크 (인쇄 공정 적용 분야)

현재 인쇄전자의 기술수준은 일부 요소 부품들을 제작하고 간단한 전자회로를 구현하는 수준에 머무르고 있음. 하지만, 인쇄전자 기술에 전도성 잉크를 사용함으로써 도체, 반도체, 절연체의 여러 잉크 소재 및 다양한 초미세 인쇄공정 기술의 개발이 진행됨에 따라, 향후 폭넓은 분야에 적용될 것으로 기대

2) 은 잉크를 대체하는 구리 잉크 - 전도성 잉크

은 잉크를 사용해야 한다는 점이 상용화의 가장 큰 걸림돌로, 경제성 있는 구리 잉크는 기존 소재를 대체할 수 있는 핵심 소재가 될 것.

5. 인쇄전자 주요 연구개발 컨소시엄 동향

인쇄전자산업은 인쇄전자의 높은 성장 잠재력에 기인하여 향후 유망한 산업으로 분류되었으며, 관련 연구는 미국의 USDC(U.S. Display Consortium, 1993년 설립)와 OE-A (Organic and Printed Electronic Association, 2004년 설립)를 중심으로 산학연이 Global network의 형태로 Value chain상에서의 강점을 가지고 대규모 정부 지원 아래 연구개발이 지속되고 있다.

1) USDC

· 1993년에 설립된 비영리 단체
· 평면 디스플레이(FPD)와 플렉서블 마이크로일렉트로닉 산업에서의 연구 개발에 집중하는 컨소시엄
· USDC에 속한 110여 개의 기업이 미 육군 연구소의 연방 지원을 받고 있음
· USDC의 목표는 본 단체에 속한 회사 및 계열사들의 세계적 수준과 경쟁력을 가지는 디스플레이 산업을 형성하는 것을 지원하는 것으로 회원사의 조기 연구개발을 지원하며 더욱 연구에 박차를 가하고 있다. 및 기술 정보를 제공하고 같은 목표를 가지는 회원들의 그룹을 결성

그림 26 인쇄전자 산업 관련 주요 컨소시엄 - USDC

2) OE-A

OE-A는 2004년 12월에 설립되었으며 유기 및 인쇄 전자 산업을 이끄는 국제 산업 협회이다. OE-A는 급부상하는 인쇄전자 산업시장에서 통합적 가치사슬을 제공한다. 세계적 수준의 글로벌 기업 및 기관, 연구기관, 재료 공급사 등으로 구성되어있으며, 유럽, 아시아. 북미, 남미, 아프리카, 호주에서 약 230 개의 회사가 유기 및 인쇄전자 경쟁의 기반을 설립하기 위한 공동 사업을 추진 중이다.

그림 27 인쇄전자 산업 관련 주요 컨소시엄 - OE-A

전 세계적으로 약 3,000여 기업과 기관들이 참여하여 기술개발에 참여하고 있다. 아직은 기술 개발 단계가 시제품을 제작하는 수준이지만, 잉크, 기판 재료, 인쇄기술 및 장비기술이 융합되어 인쇄전자 제품으로 개발 중이다. 단독으로 사업을 전개하기 보다는 대부분 기업들이 서로 협력하고 있다.

노르웨이의 Thin Film은 PARC, 한국의 InkTek, RFID(Radio Frequency Identification) 기업인 PolyIC, 프린터 및 센서에 강점을 지닌 Soligie, 화학기업이면서 인쇄전자로 빠르게 손을 뻗치고 있는 Solvay 등과 제휴하여 인쇄전자 소자를 개발하고 있다.

또한, 전자, 화학, 인쇄 등 분야의 주요 일본 기업들과 기관들이 차세대 인쇄전자 기술연구조합(JAPERA, Japan Advanced Printed Electronics Technology Research

Association)을 결성하였다. JAPERA는 일종의 인쇄전자 기술 개발을 위한 컨소시엄으로서 산업기술종합연구소(AIST)를 중심으로 소니, 스미토모 화학, DNP, 토판인쇄, 도쿄 일렉트론(Tokyo Electron), 코니카 미놀타(Konica Minolta), 아사히(Ashahi) 화성, 파나소닉, 도시바 등 총 27개 관련 기업 및 기관이 참여하고 있다.

 개발 대상 기술은 참가 기업이 자사 제품의 개발에 사용하는 것이 기본 방침이지만, 외부에 라이센스를 제공할 준비도 진행하고 있다고 보고된다. 경제 산업성의 지원 하에 JAPERA는 인쇄전자 기반 기기나 제조 설비, 관련 혁신 재료 등의 조기 실용화를 추구하면서, 도시 계획에 디지털 사인(signage)을 적용하는 등 다양한 어플리케이션을 실증하는 작업도 동시에 추진할 계획이다.

 JAPERA에 참여한 기업들은 서로 협력하고 또한 경쟁하면서 차세대 주요 성장 영역 중의 하나인 인쇄전자에서의 글로벌 주도권에 도전하고 있다. 실제로 다양한 글로벌 기업들이 인쇄전자 기술개발 및 사업화를 시도하고 있다.

 대표적으로 3M, DuPont Teijin, Epson, GE, Kovio, Merck, Mitsubishi, Philips, VTT 등 전자, 화학, 인쇄기업, 나노재료에 특화한 기업뿐만 아니라 IT기업들 까지 가세하여, 각 산업의 요소기술들에 대해 전 방위적 통합 및 협력을 추진하면서 기술경쟁력을 확보하기 위해 노력 중인 것으로 파악된다.

3) 한국인쇄전자산업협회

 국내의 경우 2010년 9월 24일 창립된 한국인쇄전자산업협회에 100여개 기업, 연구단체 및 대학들이 회원으로 구성되어 있으며, 삼성전자, 엘지전자, 삼성전기, 엘지디스플레이, 엘지화학, KCC, 코오롱, 두산전자BG 등 주요 대기업들이 참여하고 있으며, 잉크테크, 디지아이, 하이쎌, 에스에프에이, 동우화인켐, 파루, 상보, 아이티더블유특수필름, 율촌화학, 이그잭스, 케이엔더블유, 대주전자재료 등 주요 상장 기업들이 있다.

 한국인쇄전자산업협회의 창립 목적은 인쇄전자관련 산업발전 및 기술보급과 관련업체 상호협력, 국제적인 협력 및 경쟁력 배양, 기술 및 제품의 국제표준 및 로드맵 제

시, 인력 양성, 인류의 복지증진에 있으며, 주요 사업은 국제기술협력, 산업기술혁신 · 네트워크 구축, 국내외 기술교류, 학회 주최, 표준 관련 활동, 인쇄전자산업 활성화, 정부정책 수립 지원 및 법제도 개선, 교육연수 및 기술혁신인력지원, 조사연구 및 정보제공 등이 있다.[37]

그림 28 한국인쇄전자산업협회 주요 사업

---

37) 자료: 한국인쇄전자산업협회

6. 최신 특허 목록[38]

아래 표는 최근 8년간 국내 기관 및 업체에서 출원한 인쇄전자에 관한 특허이다. 산학협력단이나 인쇄전자 기업들의 특허가 주를 이룬다. 인쇄전자 관련 목록에는 인쇄전자 기술을 이용한 벽지형 ＬＥＤ 조명장치, 실시간 위치조정이 가능한 인쇄전자 윤전인쇄기의 중첩 및 중복 인쇄장치 및 그 방법, 인쇄전자 기술을 이용한 플렉시블 평면 스피커 등으로 분류되어 있다. 최근 6년간 LED와 관련하여 새로운 시장 규모가 커지고 있기 때문에 관련 특허를 눈여겨 볼 필요성이 있다.

특허 등록번호	발명의 명칭	출원연월일	공고연월일	출원인
1012065920000	인쇄전자 기술을 이용한 벽지형 ＬＥＤ 조명장치	2011.06.01	2012.11.29	제 주 대 학 교 산학협력단
1012881350000	실시간 위치조정이 가능한 인쇄전자 윤전인쇄기의 중첩 및 중복인쇄장치 및 그 방법	2011.04.21	2013.07.19	한국기계연구원
1012192590000	인쇄전자 기술을 이용한 플렉시블 평면 스피커	2011.06.01	2013.01.09	제 주 대 학 교 산학협력단
1012817130000	전자빔 조사를 이용한 인쇄전자용 은-구리 합금 나노입자의 제조방법	2009.04.29	2013.07.03	한국원자력연구원 한국수력원자력 주식회사
1010902130000	인쇄전자용 그라비아롤의 해상도를 향상시킬 수 있는 망점설계 및 제판 방법과 이를 이용한 인쇄물	2009.11.25	2011.12.07	김태완
1011550160000	미세선폭 및 두께 확보를 위한 롤투롤 인쇄전자용 인쇄방법 및 그 방법에 의해 제조되는 인쇄물	2009.06.16	2012.06.13	주 식 회 사 용덕산업
1013999790000	인쇄전자 기술을 이용한 LED용 방열 플렉시블 모듈	2013.01.04	2014.06.30	이 엔 이 엘 이 디 주식회사 윤재두

38) 자료: 특허청

특허 등록번호	발명의 명칭	출원연월일	공고연월일	출원인
	및 이의 제조 방법			(주)라눅스
1020120104493	평탄화된 인쇄전자소자 및 그 제조 방법	2012.09.20	2014.03.28	한국전자통신연구원
1010707360000	대면적 그라비어 인쇄기의 인쇄전자용 잉크 공급장치	2010.06.28	2011.10.07	건국대학교 산학협력단
1009834990000	인쇄전자소자 시스템의 인쇄위치 보정방법	2008.11.28	2010.09.24	한국기계연구원
1013398510000	고 결정성 산화아연 양자점 제조 및 그를 이용한 전자 인쇄용 잉크의 제조방법	2011.12.09	2013.06.19	전북대학교산학협력단
1013837830000	인쇄전자소자 커넥터 및 그의 제조 방법	2008.01.17	2009.07.22	삼성전자주식회사
1011527750000	전자회로 인쇄용 그라비어 오프셋 윤전인쇄기의 투루 롤링	2010.12.13	2012.05.29	한국기계연구원
1013785630000	인쇄전자용 연속 공정 롤투롤 인쇄 시스템	2012.03.27	2013.10.08	(주)마이크로이미지
1017608060000	발광다이오드소자 또는 인쇄전자 소자의 봉지재용 카바졸-실록산 유도체 및 이를 이용한 발광다이오드소자 또는 인쇄전자소자	2016.05.27	2017.07.24	원광대학교산학협력단 다미폴리켐주식회사
1017247580000	인쇄 전자 부품용 기능성 재료	2009.12.10	2017.04.07	메르크 파텐트 게엠베하
1018670800000	타공된 인쇄전자회로와, 타공된 인쇄전자회로의 제조장치 및 제조방법	2016.07.19	2018.06.15	(주) 파루

특허 등록번호	발명의 명칭	출원연월일	공고연월일	출원인
1019681240000	롤투롤 인쇄 시스템에서 제판 가공 정밀도 측정 방법 및 장치	2016.07.12	–	충남대학교산학협력단
1017870130000	롤투롤 인쇄전자 공정 기술을 이용한 미세패턴 형성 장치 및 제조 방법	2015.08.27	2017.10.19	한밭대학교 산학협력단

Ⅷ. 최근 이슈

VIII. 최근 이슈

1. 머리카락보다 얇은 박막전지.. '전자피부' 기대

머리카락보다 얇은 두께를 가진 초박막 에너지 저장장치가 개발됐다. 이 장치는 이처럼 접어도 성능이 유지되며 1000번의 충전과 방전에도 처음과 거의 동일한 저장용량을 유지한다. 연구진은 추가 연구를 통해 전자 피부 등 다양한 웨어러블 기기에 이 에너지 저장장치를 활용할 수 있을 것으로 예상했다.

이성원 대구경북과학기술원 교수의 연구팀은 물리적인 힘에도 전력을 안정적으로 공급할 수 있는 초박막 에너지 저장장치를 개발했다고 23일 밝혔다. 관련 연구 결과는 국제 학술지인 나노에너지에 최근 실렸다.

이 장치는 총 두께 23마이크로미터(μm) 수준의 박막으로 구성됐다. 약 40마이크로미터(μm)인 머리카락의 절반에 해당하는 두께다. 이 장치는 단위 면적당 저장용량 7.91 밀리패럿(mF/cm2)의 성능을 갖췄다. 1000번의 충전과 방전에도 처음과 거의 동일한 저장용량을 유지한다. 물리적으로 매우 유연해 다양한 용도로 활용이 가능하다.

연구팀은 스프레이 용액공정으로 그래핀 잉크를 도포해 활성 전극으로 활용하는 대량 생산 방식을 통해 이 장치를 구현했다. 기존 잉크를 수직으로 분사하던 스프레이 공정 대신 45도 각도로 분사하는 스프레이 공정을 통해 기존 대비 단위 면적당 30% 이상 더 높은 에너지 저장 효율 확보에 성공했다.

이성원 교수는 "이번 연구를 통해 기존의 배터리나 슈퍼커패시터에 비해 얇고, 피부처럼 굴곡진 표면에서도 강한 접착력과 내구성을 보장하는 슈퍼커패시터를 개발했다"며 "아직 기존 배터리와 비교하면 총 에너지 저장용량이 다소 낮아 관련 연구를 계속해서 진행할 예정"이라고 말했다. [39]

---

39) 머리카락보다 얇은 박막전지.. '전자피부' 기대/아시아경제

2. 살아있는 세포 프린팅 해 환자 맞춤 인공장기

2013년 미국 바이오프린팅 업체인 오가노보(Organovo)가 인공 간을 제작했고, 2016년 중국 레보텍이 원숭이의 지방층에서 추출한 줄기세포로 인공혈관 제작에 성공했다. 같은 해 국내에서도 POSTECH(포항공과대학교)이 최초로 인공 근육을 제작해 세계의 주목을 받았다. 이처럼 미국, 중국 등 해외는 물론이고 국내에서도 3D 바이오프린팅을 통해 인공장기를 생산하려는 움직임은 점점 가속화되고 있다.

POSTECH은 국내 바이오프린팅 기술을 활용한 인공장기 개발 분야의 선두주자로 손꼽힌다. 조동우 POSTECH 기계공학과 교수가 국내 미개척 분야였던 3D 바이오프린팅 시장의 기반을 닦았고, 그 뒤를 이어 장진아 교수 등 후배 연구자들이 기술 개발을 이어가고 있다. 신근유, 정성준 교수 또한 오가노이드 개발에 바이오프린팅 기술을 접목하며 신산업의 길을 개척해나가고 있다.

1970년대 중후반부터 시작된 인공장기 연구가 전자·기계·소재 분야의 융합으로 장기의 기능을 대신할 수 있도록 설계된 '대체 장치'의 개발이었다면 조 교수가 연구하는 분야는 실제 세포로 조직·장기 자체를 만들어내는 기술이다. 일반 소재가 아닌 살아있는 세포를 직접 프린팅해 3차원 구조를 만들고 이를 배양해서 인체에 적용 가능한 조직·장기를 만든다.

바이오프린팅 기술에서 가장 중요한 것이 바로 '바이오잉크'다. 바이오잉크는 세포를 보호할 수 있는 하이드로젤(hydrogel)에 탑재한 것인데, 일반적으로 콜라젠(collagen)이나 알긴산(alginate) 등을 많이 사용하지만 이는 조직이나 장기의 특성을 반영하지 못한다는 단점을 갖는다.

그래서 조 교수는 각 조직이나 장기의 세포 환경을 재현해 주기 위해 프린팅하고자 하는 조직·장기를 돼지로부터 확보해서 탈세포화 한 후, 이를 바이오잉크로 만들고 이를 '조직유래바이오잉크(tissue specific bioink)'라고 명명했다.

인공장기는 환자에게 이식했을 때 장기가 제 기능을 해야 하고, 면역거부반응 등 환

자에게 치명적인 부작용이 일어나지 않아야 한다. 기존 인공장기는 생체와는 다른 이물질이기 때문에 다양한 부작용 가능성이 존재하며 내구성이나 전원공급 등으로 인한 복잡함이 상존한다. 반면 조직유래바이오잉크를 이용해 만든 인공장기는 실제 환자 본인의 세포로 만들어졌기 때문에 상대적으로 부작용이 적고, 환자 몸의 일부로 생착해 성장할 수 있다.

이처럼 조 교수의 조직유래바이오잉크는 3D 바이오프린팅의 가능성을 한 차원 높이며 새로운 패러다임을 개척했다. 지난 8월에는 미국화학회가 발간한 이공계 분야 세계 최고 학술지인 케미컬 리뷰(Chemical Reviews)에 조직유래바이오잉크의 개발과 응용에 대한 논문이 비중 있게 다뤄졌다. 이 학술지는 세계적으로 이슈가 되는 주제를 선정해, 세계 최고 연구자에게만 투고 기회를 부여한다. 조 교수와 POSTECH 연구진의 위상을 다시 한번 확인할 수 있는 일이다.

환자에게 적용되는 인공장기는 현재까지는 골조직에 제한 돼 있다. 심장, 간, 신장 등과 같은 복잡한 구조를 가져야 하는 장기들은 아직 연구 단계이고 실제 임상에 적용되려면 더 많은 시간이 필요하지만 모든 장기와 조직을 프린팅하는 것이 조 교수 연구의 최종 목표다.

세계 최초 바이오잉크 개발, 세계 최초 3D 프린트 이용한 인공 근육 프린팅 성공, 세계 최초 인공 각막 이식 성공, 인공 코나 뼈, 치아는 물론 혈관 제작 성공 등 조 교수의 행보는 한 걸음 한 걸음이 역사가 되고 있다. 40)

---

40) 살아있는 세포 프린팅해 환자 맞춤 인공장기 만들죠/ 헬로디디

3. 형태 조절가능 자성 스마트 소재 개발

UNIST(총장 이용훈) 신소재공학부의 김지윤 교수팀은 서울대학교(총장 오세정) 재료공학부의 권민상 교수팀과 공동으로 자화 형태(magnetization pattern)를 바꿀 수 있는 자성 스마트 소재를 개발했다. 이에 자기장에 반응해 스스로 움직이는 '자성 스마트 소재'의 모양을 더 다양하게 만들 수 있게 됐다.

자화 형태는 소재 제작과정에서 한 번 고정되면 바꾸기 쉽지 않다. 움직임을 원격으로 제어 할 수 있고, 외부 자극에 빠르게 반응하는 장점을 가짐에도 불구하고 자성 스마트 소재가 널리 쓰이지 못하는 이유다.

공동연구팀은 온도에 따라 상태가 바뀌는 물질을 이용해 이 문제를 해결했다. 개발된 소재는 '자석입자'(자성물질)와 '상변화 물질'(PEG)이 혼합된 마이크로미터($10^{-6}m$) 크기의 알갱이(자성 미소 구체)가 고분자 기질에 박혀 있는 구조를 갖는데 고체에서 액체로 변하는 상변화 물질인 PEG 때문에 자화 형태를 여러 번 반복해서 바꾸는 것이 가능하다.

얼음 속 구슬은 단단하게 고정되지만 물속에선 자유롭게 움직이듯, 액체가 된 상변화 물질 때문에 자석 입자가 외부 자기장을 이용해 자화 형태를 새롭게 입력 할 수 있다. 반면 온도가 상온으로 내려가면 고체가 된 상변화 물질 때문에 자석 입자가 물리적으로 움직일 수 없어 자화 형태가 고정된다.

김지윤 교수는 "기존 연구와 달리 자성 입자나 고분자 기질의 고유 특성을 바꾸지 않으면서도 쉽게 자화 형태 재설계가 가능한 소재를 개발했다는데 의의가 큰 연구"라며 "이번에 개발된 소재는 유연성도 갖춰 의공학, 유연 전기소자, 소프트 로봇 등 가변 구조형 스마트 소재가 필요한 다양한 분야에서 핵심적인 역할을 할 것"이라고 기대했다. [41]

---

41) 형태 조절가능 자성 스마트 소재 개발/신소재경제

4. 디오, 투명성 높은 3D 프린팅 첨단 신소재 출시

 디지털 덴티스트리 기업 디오가 3D프린팅 첨단 신소재 `DIOnavi-SG02` 국내 인허가 취득을 완료했다고 밝혔다.

 디오는 지난 2016년 3D프린팅 소재 개발에 처음 착수했으며, 임시치아(Temporary Crown), 치아모형(Dental Model), 주조용 레진(Castable Resin), 의치상(Denture Base) 소재를 독자적으로 개발해 국내에서는 유일하게 개발부터 생산, 유통까지 라인업을 모두 구축한 바 있다.

 이번에 개발한 `DIOnavi-SG02`는 서지컬 가이드용 소재로, 종전의 소재보다 우수한 투명성이 장점이다.

 투명성이 우수하면 임플란트 시 시 의사의 시야가 잘 확보되며, 상태를 눈으로 직접 확인할 수 있어 편리하다.

 회사 관계자는 "앞으로 3D프린팅 전략기술 로드맵 수립을 완료하고, 기술개발은 물론 기반조성과 인력 양성에도 적극적으로 지원을 아끼지 않겠다."고 말했다.[42]

---

42) 디오, 투명성 높은 3D 프린팅 첨단 신소재 출시/한국경제TV

5. 눈물 속 스트레스 측정하는 콘택트렌즈 개발

박장웅 기초과학연구원(IBS) 나노의학연구단 연구위원 연구팀은 연세대·명지대와 함께 눈물 속 스트레스 호르몬을 감지하고 측정할 수 있는 스마트 콘택트렌즈를 개발했다고 10일 밝혔다.

연구팀은 눈에 착용해 눈물 속에 들어있는 스트레스 호르몬 '코티졸' 수치를 실시간으로 측정하는 콘택트렌즈를 개발했다. 2차원 소재 '그래핀'으로 작은 트랜지스터를 만들어 투명하고 유연하며 무선통신까지 가능한 센서를 구현했다. 센서의 표면에 닿은 눈물에 들어있는 코티졸의 양에 따라 그래핀 트랜지스터에 흐르는 전기 세기가 달라지고, 센서가 이를 감지할 수 있다.

연구팀은 은(銀)을 이용해 나노(nm·10억분의 1미터) 두께의 실 '나노와이어'를 만들었다. 이 실로 그물망을 짜서 투명전극과 안테나를 유연하게 구현했다. 초정밀 3D(3차원) 프린팅 기법으로 근거리무선통신(NFC)칩 등을 만들었다. 스마트폰처럼 NFC칩이 센서의 정보를 스마트폰으로 무선 전송한다. 렌즈 착용자가 스마트폰을 눈 가까이 가져다대면 스트레스 수치를 확인할 수 있다.

연구팀은 "실제 착용 실험을 통해 성능과 안전성을 확인했다"며 "상용화의 가능성을 보여준 것"이라고 설명했다. 콘택트렌즈가 내는 전자파가 인체에 무해한 수준이고, 일반 콘택트렌즈처럼 특수액에 담으면 안전하게 보관할 수 있다.

박 연구위원은 "모바일 헬스 케어, 의료 분야 등에 다양하게 활용될 것"이라며 "스트레스 호르몬뿐만 아니라 혈당, 콜레스테롤 등 보다 다양한 건강 지표를 측정할 수 있는 센서 개발에 집중할 예정"이라고 말했다.[43]

---

43) 눈물 속 스트레스 측정하는 콘택트렌즈 개발/조선비즈

6. KIST, 용량 25% 향상시킨 리튬이온 이차전지 개발

한국과학기술연구원 고용량 배터리를 위한 공정기술을 개발했다. 리튬 배터리의 음극 소재인 실리콘은 기존에 사용하던 흑연보다 에너지를 4배 이상 저장할 수 있는 음극 소재로 주목받고 있다. 이 실리콘을 활용한 리튬 배터리가 개발되면 전기자동차의 주행거리를 획기적으로 늘릴 수 있다.

이민아-홍지현 박사 연구팀은 "분말이 아닌 용액을 활용해 '사전 리튬화'를 위한 전처리 기술을 개발, 실리콘계 음극의 리튬 소모를 차단했다"고 전했다. 개발한 용액에 전극을 5분 정도 담그기만 해도 전자와 리튬이온이 음극 구조 내부로 들어가는 '사전 리튬화'를 성공시킬 수 있었다는 것. 이러한 손쉬운 공정이 가능해진 것은 리튬 분말을 전극에 첨가하는 기존 방식과 달리 전극 내부로 전처리 용액이 빠르게 침투하여 균일하게 실리콘 산화물 내부로 리튬을 전달할 수 있기 때문이다.

연구진이 개발한 용액을 이용해 5분간 전처리를 거친 실리콘계 음극은 첫 충전 시 리튬 손실이 1% 이내로 감소하여 99%를 상회하는 높은 초기 효율을 보였다. 이러한 방식으로 처리한 음극을 이용해 배터리를 제작한 결과 상용 배터리 대비 25% 높은 에너지밀도(406Wh/kg → 504Wh/kg)를 얻을 수 있었다.

본 연구를 주도한 KIST 이민아 박사는 "전산재료과학(컴퓨터 시뮬레이션을 통하여 물질의 조성과 구조를 예측하는 연구 방법) 기법을 도입해 설계한 최적의 분자구조를 활용하여 용액의 온도와 처리 시간만 조절하는 간단한 방법으로 고용량 실리콘계 음극의 효율을 크게 향상시킬 수 있었다"며, "이는 롤투롤(roll-to-roll, 인쇄 매체를 대량 제작하던 기술을 제조에 적용한 것) 공정에 쉽게 적용할 수 있어 기존 업계의 전지 제조 설비를 활용한 양산 가능성이 매우 크다"고 말했다. 44)

---

44) KIST, 용량 25% 향상시킨 리튬이온 이차전지 개발/인더스트리뉴스

7. 떫은맛 감지하는 전자혀 개발

유니스트(울산과학기술원) 연구진이 떫은맛을 감지하는 전자 혀를 개발했다. 떫은맛은 사실 혀의 미각기관인 미뢰(맛 감지세포 덩어리)가 느끼는 본래의 맛은 아니다. 미뢰가 느끼는 기본 맛은 단맛, 신맛, 짠맛, 쓴맛, 그리고 감칠맛 5가지다. 떫은맛은 미각이 아닌 입속 점막 같은 피부조직이 자극을 받아 느끼는 피부감각이다. 따라서 떫은맛을 감지하는 전자 혀는 단맛 등을 감지하는 기존의 전자 혀와는 다른 원리로 작동해야 한다.

유니스트 에너지 및 화학공학부의 고현협 교수팀은 '미세한 구멍이 많은 고분자 젤'을 이용해 이 문제를 해결했다. 이 전자 혀는 떫은맛의 정도를 수치로 표현할 수 있어 식품, 주류, 과일 등의 품질 검사 등에 활용할 수 있을 것으로 기대된다.

고 교수팀은 떫은맛 분자와 결합하면 '소수성 응집체'가 만들어지는 '이온전도성 수화젤'을 이용했다. 소수성이란 물과 잘 섞이지 않는 성질을 말한다. 이 고분자 젤은 혀 점막 단백질 역할을 하는 '뮤신'과 염화리튬이온을 포함하고 있는 다공성 물질이다. 뮤신이 떫은맛 분자와 결합하면 미세 구멍 안에 '소수성 응집체'가 만들어지고, 이것이 염화리튬이온의 움직임을 활성화해 떫은맛을 전기적 신호로 검출하는 방식이다.

연구진은 개발한 전자 혀로 와인, 덜 익은 감, 홍차 등의 떫은맛을 감지하는 실험을 한 결과 떫은맛의 정도를 정량적으로 감별해내는 것을 확인했다. 연구팀은 "특히 이번에 개발한 전자 혀는 접촉 즉시 맛을 감별해낼 뿐 아니라 검출할 수 있는 떫은맛 범위도 넓다"고 밝혔다. 제1저자인 염정희 연구원은 "훈련 받은 전문가의 경우 보통 수십마이크로몰(μM) 농도의 떫은맛을 감별할 수 있는 데 반해 전자 혀는 2~3 마이크로몰 수준까지 검출할 수 있다"고 말했다. 고 교수는 "저렴하고 유연한 재료를 이용해 소형화된 전자 혀를 개발했다"며 "제작이 간편하고 분석을 위한 복잡한 준비 과정이 없어 식품, 주류, 농업 등 다양한 분야에 쓰일 수 있을 것"으로 기대했다.[45]

---

45) 떫은맛 감지하는 전자혀 개발/한겨레 미래과학

8. 손으로 만든 마찰전기 통해 무선 수화 통역 가능성 열어

광운대학교 박재영 교수 연구팀(전자공학과)이 손가락 움직임으로 얻어지는 고출력의 마찰전기를 이용하여 전원이 없이도 미세한 손동작을 연속모니터링 할 수 있는 유연 압력 센서 개발에 성공했다.

제작된 센서는 우수한 감지 특성과 기계적 견고성을 갖기 때문에 손동작 감지 및 제어 시스템, 수화 통역 시스템, 인간-기계 인터페이스를 이용한 지능형 로봇, 드론, 게임, VR/AR 등 다양한 산업 분야에 적용될 수 있다.

다년간 신체 촉각 감지 기능을 모방한 용량성, 압저항, 압전특성 등을 이용한 다양한 고감도의 유연 압력 센서가 개발되었으나 이들 센서들의 동작을 위해서는 외부 전원 공급원이 필요하다는 단점이 있었다. 또한 2차 전지와 같은 전기화학 배터리는 수명이 제한되어 있고 교체 및 재충전이 필요하며 폐기로 인한 환경오염의 문제가 있었다. 이러한 문제들을 해결하기 위해 인체 움직임을 통한 친환경 에너지 수확기술은 무전원 웨어러블 센서를 위한 자가 전원으로 대체될 수 있어 주목받고 있다.

박재영 교수 연구팀은 피부 속의 표피-진피 구조를 모방하여 설계한 미세구조의 마찰전기 층을 엠보싱 기술과 에머리 종이 템플릿을 이용하여 테프론과 나일론 필름 소재에 제작하였고, 구리 전극 필름과 적층하여 쉽게 무 전원 유연 압력 센서를 제작하였다. 연구팀은 손가락의 움직임을 상세하게 감지 및 제어하기 위한 스마트 글러브(고감도의 소형 유연 압력 센서를 각 손가락 관절 마디에 부착하여 제작된 글러브), 마이크로 컨트롤러 및 저전력 블루투스를 포함한 무 전원 무선 손동작 인식 시스템을 제작하였고 손의 움직임을 스마트폰을 이용하여 음성 및 텍스트로 변환하는데 성공했다.

제작된 센서는 5 MΩ의 부하저항에서 781.25 μW의 최대 전력, 0.77 VkPa-1의 민감도, 10만 번 이상의 반복테스트에서 균일한 성능을 보일 정도로 안정성을 보였으며, 유연 압력 센서를 이용하여 제작된 스마트 글러브의 데이터를 저 전력 블루투스를 통해 스마트폰으로 전송하여 음성 및 텍스트로 변환하는데 성공했다. 46)

---

46) 광운대학교 박재영 교수팀, 손으로 만든 마찰전기 통해 무선 수화 통역 가능성 열어/한국강사신문

9. 한국광기술원, 휴대용 마스크 살균 기술개발

한국광기술원이 살균효과와 휴대성이 뛰어난 폴딩형 무선 초소형 스마트 유연 디바이스 핵심 기술을 기업에 이전해 상용화를 앞당겼으며 마스크 살균·소독이 가능한 플렉시블(Flexible) 초소형 자외선(UV)·적외선(IR) LED 살균건조 시스템을 개발해 이안하이텍으로 이전했다고 밝혔다.

스마트 유연 디바이스 기술은 플렉서블한 기판 위에 초소형 LED를 실장해 전력소모가 적고 접을 수 있어 휴대가 간편하며 마스크의 기능 손상 없이 소독이 가능하다.

기존의 마스크 살균 소독기가 대부분 하우징 형태로 제작돼 휴대가 불편할 뿐만 아니라 UV-C 광원이 외부로 노출돼 눈과 피부 등 신체의 안전성에 대한 문제가 제기돼 왔으나 이번 한국광기술원의 기술개발로 이런 문제점이 해결됐다.

자외선은 사람이 볼 수 없는 파장이며 파장대에 따라 UV-A, B, C로 구분하고 있다. UV-A와 B의 경우 경화, 탈취, 의료기기 등에 사용되며 가장 짧은 파장인 UV-C는 박테리아 및 바이러스의 DNA를 파괴해 세포를 사멸시키는 살균 기능이 있다.

한국광기술원이 개발한 스마트 유연 디바이스 기술을 이전받은 안치현 이안하이텍 대표는 "세계 최초로 살균과 건조가 가능한 폴딩형 플렉서시블 UV·IR 살균·건조 마스크 광케어 시스템의 사업화를 조기에 추진해 국내뿐 아니라 해외 시장 점유율을 높일 것"이라고 말했다.

김자연 한국광기술원 바이오헬스연구센터 박사는 "이번 기술이전으로 살균기 시장과 웨어러블 디바이스를 응용한 바이오헬스케어 산업 분야 전반에 걸쳐 새로운 융합 시장의 창출이 기대된다"며 "사업화 유망기술 개발과 사업화 지원을 확대해 기업이 시장에서 경쟁력을 갖출 수 있도록 최선을 다하겠다."고 말했다. 47)

---

47) 한국광기술원, 휴대용 마스크 살균 기술개발/전기신문

10. 잉크젯 프린터로 세라믹 연료전지 출력 기술 개발

고려대학교(총장 정진택) 기계공학과 심준형 교수 연구팀은 고체 산화물 연료전지 (Solid oxide fuel cell, SOFC)를 잉크젯 프린팅하는 기술 개발에 성공했다.

잉크젯 프린팅은 가정용 프린터에서 대형 인쇄물까지 널리 사용되는 출력 기술이다. 여기에 금속, 세라믹 등 기능성 물질이 함유된 잉크를 사용하면 마치 인쇄물을 찍어 내듯이 제품을 만들 수 있다. 핵심은 정전 노즐 분사가 가능한 안정화된 잉크를 합성 하는 것. 고려대 연구팀은 이러한 유동 특성을 띄는 NiO, YSZ, GDC, PBSCF 등 다 양한 세라믹 잉크 합성에 성공했다. 연구팀은 이들 잉크들을 프린터에 한꺼번에 장착 하여 셀의 일부가 아닌 SOFC 전체를 제작해냈다.

특히, 이렇게 합성된 잉크는 일반 가정용 잉크젯 프린터에서도 사용 가능하다. 심준 형 교수팀은 논문에 사용된 모든 SOFC는 10만 원 정도의 HP 프린터로 제작한 것이 라고 밝혔다. 이렇게 만든 연료전지 출력은 섭씨 650도 0.7 W/cm2 수준으로 상용 제품으로도 전혀 손색이 없었다. 이러한 소재들을 '그림 그리듯' 꽤 큰 스케일로 출력 해 보이기도 했다. 출력에 사용된 프로그램은 MS 파워포인트였다.

개발된 기술은 SOFC 뿐만 아니라 복잡한 성분을 정밀하게 조절해야 하는 다양한 박막 제품 생산에 유용할 것으로 보인다. 예를 들어, 붉은색 잉크 카트리지에 A 물질 을 넣고 파란색 잉크 카트리지에 B 물질을 넣은 후 보라색을 출력하면 AB 복합막을 출력할 수 있다. 또한 보라색이 '진보라'또는 '연보라'인지에 따라 A와 B의 비율을 자 유롭게 조절할 수 있다. 연구팀은 색깔의 '채도'에 따라 물질의 기공 구조까지 조절할 수 있음을 확인했다.

심준형 교수는 "이번 연구를 통해 잉크젯 프린팅이 SOFC 양산 기술로 충분히 사용 될 수 있음을 확인했다. 잉크젯 프린팅은 대형 출력물 등 이미 산업에서 많이 사용되 는 기술인만큼, 연료전지뿐만 아니라 다양한 박막 제품 제작에도 유용하게 쓰일 수 있을 것으로 기대한다."며 연구 성과의 의의를 밝혔다. 48)

---

48) 고려대 심준형 교수팀, 잉크젯 프린터로 세라믹 연료전지 출력 기술 개발/교수신문

IX.결론

IX. 결론

앞서 살펴보았듯이 인쇄전자의 막대한 잠재력을 주시하는 글로벌 기업들이 연구개발과 상업화에 활발한 움직임을 보이고 있다. 3M, DuPont, GE 등을 위시하여 내로라하는 전자, 화학, 인쇄 기업, 나노 재료에 특화한 기업, 심지어는 IT 기업들까지 가세하고 있다. 아울러 요소 기술의 전방위적 통합이 경쟁력의 중요한 원천임을 인식한 기업들이 서로 협력하는 생태계를 차근차근 만들어가고 있다. 이러한 움직임은 화학과 전자 및 IT 기술이 인쇄전자에서 융합·발전하고 있음을 보여준다. 국내에서도 디스플레이 기업 중심으로 인쇄전자에 대한 행보가 관측되고 있다.

일부 LCD 공정에 인쇄기술을 도입한다든지, E-paper 시제품을 선보이기도 한 것들이 그 예이다. 현재까지는 유럽 기업을 필두로 미국과 일본의 기업들이 인쇄전자 영역에서 가장 활발한 모습을 보이고 있다. 재료와 공정은 물론 디자인 등의 측면에서 인쇄전자가 기존 전기전자산업에 미칠 파장은 상당할 것이다. 국내기업들은 앞으로 만들어질 인쇄전자 가치사슬 생태계에서 뒤지지 않기 위해 어떤 강점을 발휘할 수 있을지, 어떻게 주도권을 확보할 수 있을지에 대한 전략적 고민이 필요해 보인다. 인쇄전자 시장 성장과 환경 변화를 주도할 국내 기업들의 등장을 기대해본다.

인쇄전자 분야는 향후 15년 후에 Si 전자 산업 분야를 대체할 차세대 소재/소자 기술로 전 세계적으로 활발히 연구되고 있다.

첫 번째 상용화는 LCD 컬러필터 공정 등 여러 산업분야에서 이미 일어나고 있으며, 조만간 OTFT(유기 박막 트렌지스터, Organic field-effect transistor) 구동소자를 채택한 플렉시블 전자종이가 시장에 선보일 것으로 예측되고, 향후 수 년 내에 인쇄기술을 통해 제조된 플렉시블 디스플레이의 출현도 예상된다.

프린티드 RFID의 경우 유기반도체를 이용하여 PolyIC에서 간단한 형태의 RFID를 이미 시현하였으며 향후 생산가격의 저하를 좌우할 roll-to-roll 공정에 대한 연구가 활발히 진행되고 있다. 선진국들은 인쇄전자분야에 대한 원천 기술 확보를 위해 정부 주도 연구 개발을 현재 활발히 수행 중이다.

미국의 경우 인쇄기술을 이용한 플렉시블 디스플레이가 2000년대 초 MIT 공대 10 대 유망 기술로 선정된 이후 국방성의 지원 하에 플라스틱 전자 소자상용화 센터를 운영하며 체계적으로 플렉시블 디스플레이 및 인쇄 전자소자 원천 기술 확보에 주력 하고 있다.

EU의 경우 인쇄전자소자클러스터를 형성하여 유기 전자 소재/소자 관련 원천 기술 을 확보 중이며, 일본의 경우 2005년 유기 반도체 소자의 기술적 발전 방안을 제안하 고 NEDO 프로젝트 수행을 통해 유기 반도체 전자소자 상용화 전략을 수립한 바 있 다. 특히 인쇄전자회로 기술은 플렉시블한 광/전자기기를 구동시키기 위한 핵심 요소 기술로서 인쇄전자전자 소자의 단부품 연구를 벗어나 이들 기술을 융합한 IT 부품에 대한 연구가 태동되고 있다. 플라스틱 유비쿼터스-IT 융합 부품 기술로는 초기 단계 의 스마트카드가 1998년 Siemens와 Covion사에 의해 시연된 이래로, 2005년 Philips에 의하여 디스플레이, 메모리/logic, 전지가 집적된 visual smart card가 시 연되었다.

그리고 최근 일본에서는 플라스틱 IT 융합부품에 대한 concept generation을 시도 하고 있다. 플라스틱 전자 소자 기반으로 차세대 플렉시블 스마트 IOP를 개발하고자 하는 준비가 ETRI에서 현재 진행 중이고 이 기술은 DMB, WiBro 등 모바일 단말기 기에 초경량, 초박형의 큰 화면과 신기능 서비스를 가능하게 할 것이며, 이 밖에 wearable IT 기술 등 미래 IT 기술을 선도할 기술이다. 플라스틱 일렉트로닉스 기술 은 전기, 전자, 반도체, 자동차, 항공 우주, 기계(정밀 부품) 등 다양한 산업에 혁신적 변화를 초래하여 국가 산업 발전 및 고부가가치화의 열쇠가 될 미래 유망 기술이다. 향후 고도 산업화될 미래 사회에서 인간 친화적인 특성을 바탕으로 사회적, 문화적 패러다임의 변화가 기대된다. 플라스틱 일렉트로닉스 관련 원천 기술 확보 및 핵심부 품 소재의 상용화에 대한 정부 주도의 체계적인 지원과 관심이 필요하다.

인쇄 전자 기술은 넓은 범용성이 존재한다. 인쇄 전자 기술은 이전의 '다품종 소량 생산', '소품종 다량생산'의 범주에 갇히지 않는 기술이라 볼 수 있다. 인쇄전자는 '다 품종 다량생산'이 가능하게끔 만드는 기술인 것이다. 따라서 기존의 경제학적 관념을 완전히 탈피할 수 있는 가능성을 보여주는 산업이다. 다양하게 적용되는 핵심 기술을

가지는 자가 인쇄산업 시장의 승자가 될 것이다.

 인쇄 전자 기술 산업은 저비용, 친환경이라는 미래의 이슈를 모두 가지고 있다. 현대 사회의 화두는 '그린'정책에 있지만, 그린 정책은 상대적으로 많은 비용을 요구한다는데 그 문제점이 있다. 하지만 인쇄 전자 산업은 이 두 가지 조건을 모두 충족시킬 수 있는 가능성이 높다. 즉, 생산 비용 및 생산 공정의 속도의 획기적인 절감과 기존 공정에 비해 폐기물이 적으며, 청결한 공정을 유지할 수 있는 '환경 친화적'인 측면이 향후 인쇄 전자 산업의 성장에 큰 뒷받침을 해줄 것으로 보인다.

 한국은 일본, 미국, 독일 등의 인쇄전자 강국과 더불어 이 분야의 강자임에는 분명하다. 그러나 아직 산업적으로 킬러 애플리케이션의 부재로 어려움을 겪고 있으며, 대외적으로는 중국의 영향을 많이 받고 있는 상황이며, 기술 우위는 물론 원가 경쟁력 확보가 중요하다.

 마이크로 은 플레이크 페이스트는 이미 성숙 단계로 신규시장 진입을 어떻게 확보할 것인가에 대한 문제를 풀어야 할 것으로 보이고, 독자적이고 원가경쟁력이 있는 나노 잉크 소재의 개발이 필요한 상황이며, 많은 연구기관에서 인쇄전자와 관련한 우수한 논문 실적과 시제품을 내놓고 있지만, 산업의 니즈를 제대로 반영할 필요가 있다. 한국 인쇄전자 산업의 부흥을 위해서는 잉크 소재도 중요하지만, 장비, 부품, 모듈, Set maker의 유기적인 공동연구가 필요하다.

 머지않아 플렉시블 디바이스 및 웨어러블 디바이스의 시대가 임박함에 따라 ITO 투명전극 대체 소재를 비롯하여 다양한 나노 잉크 소재 기술이 요구되는 시대가 올 것이다. 이에 대한 대비를 철저히 한다면, 향후 인쇄전자의 잠재력을 발휘할 수 있는 때가 머지않아 도래할 것으로 보인다.

초판 1쇄 인쇄 2017년 5월 2일
초판 1쇄 발행 2017년 5월 8일
개정판 1쇄 발행 2019년 4월 22일
개정2판 발행 2021년 1월 04일

편저 ㈜비피기술거래
펴낸곳 비티타임즈
발행자번호 959406
주소 전북 전주시 서신동 832번지 4층
대표전화 063 277 3557
팩스 063 277 3558
이메일 bpj3558@naver.com
ISBN 979-11-6345-223-2 (93580)

이 도서의 국립중앙도서관 출판예정도서목록(CIP)은 서지정보유통지원시스템 홈페이지
(http://seoji.nl.go.kr)와국가자료공동목록시스템 (http://www.nl.go.kr/kolisnet)에서 이용하
실 수 있습니다.